Diese Mitteilungen setzen eine von Erich Regener begründete Reihe fort, deren Hefte auf der vorletzten Seite genannt sind.

Das Max-Planck-Institut für Aeronomie vereinigt zwei Institute, das Institut für Stratosphärenphysik und das Institut für Ionosphärenphysik.

Ein (S) oder (I) beim Titel deutet an, aus welchem Institut die Arbeit stammt.

Anschrift der beiden Institute:

        3411 Lindau

ELEKTROMAGNETISCHE INDUKTION IN EINEM LEITENDEN HOMOGENEN ZYLINDER DURCH ÄUSSERE MAGNETISCHE UND ELEKTRISCHE WECHSELFELDER

von

JOACHIM MEYER

ISBN 978-3-540-03026-3   ISBN 978-3-642-86553-4 (eBook)
DOI 10.1007/978-3-642-86553-4

Inhaltsverzeichnis

I. Einleitung

§ 1. Problemstellung 5

§ 2. Grundlagen der Theorie 6
  a) Allgemeine Vorbemerkungen 6
  b) Grundgleichungen und Wellenpotentiale 8

II. Transversales induzierendes Magnetfeld

§ 3. Allgemeine Lösung für das magnetische Vektorpotential $\mathfrak{a}$ 9

§ 4. Die Radialkomponente des Magnetfeldes 13
  a) Die Induktionsfunktionen 13
  b) Getrennte Darstellung der Amplituden und Phasen 15
  c) Vektorielle Darstellung in der Periodenuhr 17

§ 5. Die φ - Komponente des Magnetfeldes 18
  a) Die Induktionsfunktionen 18
  b) Getrennte Darstellung der Amplituden und Phasen 19
  c) Vektorielle Darstellung in der Periodenuhr 22

§ 6. Das Gesamtfeld 24

§ 7. Die Stromverteilung im Innern des Zylinders 29
  a) Die Induktionsfunktionen der Stromdichte 29
  b) Getrennte Darstellung der Amplituden und Phasen 30
  c) Vektorielle Darstellung in der Periodenuhr 34

III. Longitudinales induzierendes Magnetfeld

§ 8. Spezielle Lösung für das elektrische Vektorpotential $\mathfrak{f}$ 35

§ 9. Das Magnetfeld 37

§ 10. Stromverteilung und elektrisches Feld 41
  a) Die Stromverteilung im Innern des Zylinders 41
  b) Das induzierte elektrische Feld im Außenraum 43

IV. Homogenes induzierendes Magnetfeld in beliebiger Richtung

§ 11. Das Magnetfeld 46

§ 12. Die Stromverteilung 48

V. Induzierende elektrische Felder

§ 13. Spezielle Lösung für das magnetische Vektorpotential a. 49

§ 14. Allgemeine Lösung für das elektrische Vektorpotential f 53

VI. Berücksichtigung der Verschiebungsströme

§ 15. Induktion in einem leitenden Zylinder 56
    a) Longitudinales induzierendes Feld 57
    b) Transversales induzierendes Feld 59

§ 16. Ein allgemeines Analogieprinzip für elektromagnetische Felder 62

Zusammenfassung 65

Literaturverzeichnis 66

I. Einleitung

§ 1. Problemstellung

Das Interesse in der Geophysik an Problemen der elektromagnetischen Induktion in räumlichen Leitern wurde wesentlich verstärkt durch die erdmagnetische Entdeckung ausgedehnter Leitfähigkeitsanomalien im vergangenen Jahrzehnt, wie z. B. in Norddeutschland (FLEISCHER [5, 6], SCHMUCKER [15]). Systematische Unterschiede in den erdmagnetischen Variationen, wie sie hier und auch in anderen Gebieten (Japan, Nordamerika) an benachbarten Stationen aufgefunden wurden, ließen ganz allgemein die Möglichkeit erkennen, mittels erdmagnetischer Registrierungen Aufschluß über den tieferen Untergrund, insbesondere über die Verteilung der elektrischen Leitfähigkeit, zu gewinnen (BARTELS [13]). Die lokalen Unterschiede wurden gedeutet als reiner Induktionseffekt: Durch das Magnetfeld der zeitlich variablen Ströme in der Ionosphäre werden im elektrisch leitenden Untergrund ebenfalls Ströme induziert, deren Magnetfeld sich als "innerer Anteil" dem Feld der Ionosphärenströme ("äußerer Anteil") überlagert und zusammen mit diesem gemessen wird. Inhomogenitäten oder eingelagerte Anomalien der Leitfähigkeit bewirken dabei ein ebenfalls anomales Verhalten des inneren Anteils der beobachteten Variation. Das Bestreben ist, umgekehrt aus dem anomalen inneren Anteil der registrierten Variationen Kenntnis zu erlangen über Leitfähigkeitsanomalien im Untergrund (Erdmagnetische Tiefensondierung).

Die hierbei auftretenden Probleme sind in mancher Hinsicht ähnlich denen, wie sie bei anderen Methoden - auch statischen, etwa der Magnetostatik - auftreten. Ein direktes Problem ist zunächst die Bestimmung eines Störfeldes sowie des zugehörigen Gesamtfeldes durch ihre Berechnung für geometrisch einfache Körper oder durch Modellversuche. Ein indirektes Problem ist dann die Aufgabe, aus dem gemessenen Gesamtfeld einschließlich des Störfeldes durch Vergleich mit den Modellrechnungen oder -versuchen auf Lage, Gestalt, Größe und Konstanten der zu untersuchenden Leitfähigkeitsanomalie zu schließen. Der leitende homogene Zylinder im magnetischen und elektrischen Wechselfeld stellt zwar gegenüber den tatsächlichen Verhältnissen ein recht spezielles und idealisiertes Modell dar. Seine Einfachheit erlaubt aber gerade, sowohl die Eigenschaften des gesamten Magnetfeldes und der induzierten Ströme als auch deren Beziehung zueinander mathematisch und physikalisch ausführlich zu untersuchen. Manche von ihnen können zudem auf beliebige andere Modelle verallgemeinert werden.

In ähnlicher Weise wie bei der erdmagnetischen Tiefensondierung können die Ergebnisse für das behandelte Zylindermodell Anwendung finden bei den elektromagnetischen Prospektionsverfahren der angewandten Geophysik, bei denen das äußere, induzierende Feld künstlich erzeugt wird. Daneben kann der homogene Zylinder im magnetischen Wechselfeld aber auch in erster Näherung als ein Modell für die Erde insgesamt in einem äußeren, zeitlich variablen Magnetfeld angesehen werden und in dieser Form Aufschluß geben über Zusammenhänge zwischen erdmagnetischen Variationen und gleichzeitigen Variationen des Erdstromes. Die verschiedenen Vorstellungen über die Natur des behandelten Modells unterscheiden sich jedoch lediglich in den Größenordnungen der Lineardimensionen und der Frequenz der induzierenden Felder. Für die jeweilige Interpretation der Ergebnisse sind in keinem Falle zusätzliche Annahmen erforderlich.

Bei Induktionsproblemen in räumlichen Leitern ist für die Lösung neben dem Induktionsgesetz (II. Maxwellsche Gleichung) auch die Verkettung des Magnetfeldes mit dem elektrischen Feld und dem Verschiebungsstrom (I. Maxwellsche Gleichung) zu berücksichtigen. Die Induktionsvorgänge in ausgedehnten Leitern lassen sich damit beschreiben als elektromagnetische Wellenausbreitung. An Orten innerhalb homogener Raumgebiete erhält man die Lösung für das Gesamtfeld $\mathcal{K}$ (magnetisches oder elektrisches Feld) zu jeder Zeit nach Amplitude, Richtung und Phase aus der Wellengleichung

$$\Delta \mathcal{X} + k^2 \mathcal{X} = 0 \quad ; \quad (k = \text{Ausbreitungskonstante})$$

unter Berücksichtigung bestimmter Randbedingungen sowie der an den Grenzflächen geltenden Übergangsbedingungen.

Auf diese Art wurde der unendlich lange homogene Zylinder im homogenen magnetischen Wechselfeld, transversal zum Zylinder, zuerst von BUCHHEIM [3] behandelt, und zwar im Hinblick auf die Anwendungen für die elektromagnetische Prospektion. Aus diesem Grunde wurde auch die magnetische Induktion mit berücksichtigt und die Lösungen für verschiedene Werte der Permeabilität des Zylinders angegeben. WAIT [18] nahm als Quelle des induzierenden Feldes ein unendlich langes, von Wechselstrom durchflossenes Kabel, parallel zur Zylinderachse, an. Dabei wurde in den Lösungen ebenfalls die magnetische Induktion berücksichtigt. Der für die Anwendung im Erdmagnetismus wichtigste Fall durchweg konstanter Permeabilität bei homogenem induzierenden Magnetfeld, transversal zum Zylinder wurde näher untersucht von LIPPMANN [11] und KERTZ [9]. Letzterer zog auch bereits die Induktionsströme mit in die Untersuchungen ein sowie den Zylinder im schwach inhomogenen äußeren Feld. Bezüglich des Magnetfeldes wurde jedoch jeweils nur der innere, induzierte Anteil betrachtet in seiner Abhängigkeit nach Amplitude und Phase von den Konstanten des gegebenen Modells. Es soll im folgenden vor allem ein anschauliches Bild des Gesamtfeldes und der Stromverteilung gegeben werden, sowohl bei transversalem als auch bei longitudinalem oder beliebig schrägem homogenen magnetischen Wechselfeld (Kap. II - IV). Anschließend werden die Lösungen bei induzierenden elektrischen Wechselfeldern in derselben Form hergeleitet und auf ihre Analogie zu den Lösungen bei induzierenden Magnetfeldern untersucht (Kap. V). Die ausführliche Diskussion der Lösungen in beiden Fällen nach Amplitude und Phase beschränkt sich dabei auf den quasistationären Fall. Um eine weitestgehende Analogie zu erzielen, werden jedoch ebenfalls die formalen Lösungen in komplexer Form unter Berücksichtigung der Verschiebungsströme angegeben (Kap. VI).

Infolge der großen Lineardimensionen ist bei den Induktionserscheinungen in der Geophysik sehr häufig der Grenzfall rein induktiven Widerstandes annähernd verwirklicht ([9] S. 6 f.). Da dieser Grenzfall ebenfalls eintritt bei verschwindendem Ohmschen Widerstand, sind manche geophysikalischen Probleme in entsprechender Weise behandelt in der Theorie der Supraleitung (v. LAUE [10]). Andererseits besteht aber durchaus auch die Möglichkeit die bei geophysikalischen Induktionsproblemen für den Grenzfall rein induktiven Widerstandes erzielten Ergebnisse auf entsprechende Probleme bei der Supraleitung zu übertragen (vgl. Fußnote S. 42).

§ 2. Grundlagen der Theorie

a) Allgemeine Vorbemerkungen

Bei der Suche nach Lösungen der Wellengleichung für ein gegebenes Leitfähigkeitsmodell, aber verschiedene äußere, induzierende Felder, kann man auf zwei prinzipiell verschiedenen Wegen vorgehen. Einmal kann man ausgehen von einer bestimmten Aufgabe (etwa dem Zylinder im transversalen magnetischen Wechselfeld) und die Lösung der Differentialgleichung für ein der Aufgabe angepaßtes Wellenpotential (vgl. Abschnitt b) bestimmen. Zum andern kann man aber auch ein bestimmtes Potential vorgeben, für dieses formal die Wellengleichung lösen und die Ergebnisse geeignet interpretieren. Die Form des Leitfähigkeitsmodells bestimmt in beiden Fällen lediglich die Integrationskonstanten, die aus den Grenzbedingungen berechnet werden. Nach der ersten, induktiven Methode wird verfahren bei der Behandlung des homogenen Zylinders in äußeren transversalen und longitudinalen Magnetfeldern (Kap. II und III). Die zweite, deduktive Methode wird benutzt bei induzierenden elektrischen Feldern sowie bei der Berücksichtigung der Verschiebungsströme (Kap. V und VI).

Vorausgesetzt ist in den folgenden Ausführungen zunächst Isotropie und Homogenität innerhalb und außerhalb des leitenden Mediums. Da aber das induzierte elektrische Feld im Innern eines homogenen Zylinders bei beliebigen transversalen sowie bei homogenen longitudinalen induzierenden Magnetfeldern überall parallel zum Zylindermantel verläuft ($E_\rho = 0$), gelten die Betrachtungen ebenfalls für einen Zylinder, bei dem zwei Hauptleitfähigkeitsachsen jeweils gleich groß und parallel zum Zylindermantel gerichtet sind, die dritte aber überall radiale Richtung besitzt. Dann hängen die induzierten Ströme und damit das induzierte Magnetfeld nur von der "Parallelleitfähigkeit" ab, die dann unter allen Werten für die Leitfähigkeit im Laufe der Rechnung zu verstehen ist. Aus dem gleichen Grunde sind auch die benutzten mathematischen Methoden letztlich nicht beschränkt auf einen homogenen Zylinder sondern lassen sich ohne prinzipielle Änderung ebenfalls anwenden bei der Berechnung der Induktion in einem Zylinder mit radial variabler Leitfähigkeit (NEGI [14]).

Die ausführliche Diskussion der induzierten magnetischen und elektrischen Felder sowie der Induktionsströme erfolgt jeweils für homogene induzierende Felder. Desgleichen wird hierbei die magnetische Permeabilität im gesamten Raum als konstant angenommen, d. h. es wird abgesehen von der magnetischen Induktion. Änderungen der magnetischen Permeabilität stehen in keinem eindeutigen Zusammenhang mit der elektrischen Leitfähigkeit und sind wohl nur für Aufgaben der elektromagnetischen Prospektion von einigem Interesse (vgl. WARD [19]).

Anmerkung: Die Numerierung der Gleichungen geschieht fortlaufend innerhalb eines Paragraphen. Hinweise mit nur einer Gleichungsnummer beziehen sich jeweils auf den gleichen Paragraphen. In allen Gleichungen, die durchweg als Größengleichungen geschrieben sind, wird das Giorgische oder praktische Maßsystem (MKSQ - System) benutzt. Vektorielle Größen werden im allgemeinen mit deutschen Buchstaben, skalare Größen mit lateinischen Druckbuchstaben bezeichnet. Die durchgehend benutzten Bezeichnungen sind zusammengestellt in der nachfolgenden Tabelle 1.

Tab. 1: Bezeichnungen und Einheiten

Bezeichnung	Einheit	Größe
$\mathfrak{H}$, H	$\frac{Amp}{m}$	magnetische Feldstärke
$\mathfrak{E}$, E	$\frac{Volt}{m}$	elektrische Feldstärke
$\mathfrak{B}$	$\frac{Volt\ sec}{m^2}$	magnetische Kraftflußdichte
$\mathfrak{D}$	$\frac{Amp\ sec}{m^2}$	elektrische Verschiebungsdichte
$\mathfrak{j}$	$\frac{Amp}{m^2}$	elektrische Stromdichte
$\mathfrak{a}$, A	Amp	magnetisches Vektorpotential
$\mathfrak{f}$, F	Volt	elektrisches Vektorpotential
J_m	*)	Amplitudenfaktor des inneren Anteils
$\mathcal{E}_m$	*)	Amplitudenfaktor des äußeren Anteils
β_m, γ_m	rad	Integrationskonstanten
m		Kopplungsparameter

*) Die Einheiten von J_m und $\mathcal{E}_m$ hängen sowohl von m als auch von der Art des äußeren, induzierenden Feldes ab.

Bezeichnung	Einheit	Größe
a	m	Zylinderradius
σ	$\Omega^{-1} m^{-1}$	spezifische elektrische Leitfähigkeit
μ	$\dfrac{\text{Volt sec}}{\text{Amp m}}$	magnetische Permeabilität
ε	$\dfrac{\text{Amp sec}}{\text{Volt m}}$	Dielektrizitätskonstante
ω	sec^{-1}	Kreisfrequenz
t	sec	Zeit
α	m^{-1}	Konstantenparameter
$J_m(z)$		Bessel-Funktion
$N_m(z)$		Neumann-Funktion
$\text{ber}_m(z), \text{bei}_m(z)$		Kelvin-Funktionen
$\text{erf}(x)$		Gaußsche Fehlerfunktion
$C_\rho^{\sin}, C_\rho^{\cos}, \ldots$		Induktionsfunktionen
$C_\rho, C_j, \ldots$		Amplituden-Induktionswerte
$\psi_\rho, \psi_j, \ldots$	rad	Anfangsphase
R_ρ		numerische Entfernung
R_a		numerischer Radius
ρ, φ, z		Zylinderkoordinaten
x, y, z		kartesische Koordinaten
i		imaginäre Einheit
e		Eulersche Zahl

b) Grundgleichungen und Wellenpotentiale

Den Ausgangspunkt für jede Induktionsaufgabe bilden die Maxwellschen Gleichungen. Für harmonisch oszillierende Felder bei zeitlich konstanten Größen σ, μ, ε können sie geschrieben werden in der Form

$$\text{rot } \mathcal{E} = -\dot{\mathcal{B}} \quad = -i\omega\mu \mathcal{H} \quad , \tag{1}$$

$$\text{rot } \mathcal{H} = \dot{\mathcal{D}} + j = (i\omega\varepsilon + \sigma)\mathcal{E} \quad . \tag{2}$$

Der komplexe Faktor $e^{i\omega t}$ für die harmonische Zeitabhängigkeit, der in allen Gleichungen für die Felder und deren Potentiale auftritt, ist hier und im folgenden jeweils fortgelassen worden. Er wird erst beim Übergang von der komplexen zur reellen Lösung für die Felder mit berücksichtigt.

An Orten mit ebenfalls räumlich konstanten Werten von σ, μ, ε lassen sich magnetisches und elektrisches Feld darstellen [*]) sowohl durch ein elektrisches Vektorpotential $\mathcal{F}$:

$$\mathcal{E} = -\text{rot } \mathcal{F} \tag{3}$$

$$\mathcal{H} = -(\sigma + i\omega\varepsilon)\mathcal{F} + \frac{1}{i\omega\mu} \text{grad div } \mathcal{F} \tag{4}$$

---

[*]) Über die Herleitung der Formeln (3) - (6) vgl. [13], § 4.

als auch durch ein magnetisches Vektorpotential $\mathcal{a}$:

$$\mathcal{f} = \text{rot } \mathcal{a} \quad , \qquad (5)$$

$$\mathcal{e} = -i\omega\mu\,\mathcal{a} + \frac{1}{\sigma + i\omega\varepsilon} \text{grad div } \mathcal{a} \quad . \qquad (6)$$

Beide Darstellungsarten sind außerhalb der Quellen völlig äquivalent. Die Berechnung der Felder erfolgt in beiden Fällen durch Lösen der Wellengleichung für die Vektorpotentiale $\mathcal{a}$ und $\mathcal{f}$ (aus diesem Grunde auch "Wellenpotentiale" genannt) bei dem gegebenen Leitfähigkeitsmodell und der gegebenen Quellverteilung bzw. dem induzierenden Feld:

mit
$$\Delta \mathcal{v} + k^2 \mathcal{v} = 0 \quad ; \quad (\mathcal{v} = \mathcal{a}, \mathcal{f}) \qquad (7)$$
$$k^2 = -i\sigma\mu\omega + \omega^2\mu\varepsilon \quad . \qquad (8)$$

Die Vernachlässigung der Verschiebungsströme im quasistationären Fall entspricht der Vernachlässigung aller Glieder mit $i\omega\varepsilon$ in den Gleichungen (2), (4), (6) und des Realteils von k^2 in Gleichung (8). Da die Differentialgleichung (7) in diesem Falle mit $i\omega$ nur noch die erste zeitliche Abteilung enthält, ist sie von der Form einer Diffusions- oder Wärmeleitungsgleichung. Die Lösungen für die Felder haben daher auch ähnliche Eigenschaften wie etwa "Temperaturwellen" im Erdboden: Dämpfung der Amplitude und stetige Änderung der Phase beim Eindringen in das leitende Medium.

II. Transversales induzierendes Feld

§3. Allgemeine Lösung für das magnetische Vektorpotential $\mathcal{a}$

Im vorliegenden speziellen Fall hat das leitende Medium die Form eines unendlich langen homogenen Zylinders mit dem Radius a, der elektrischen Leitfähigkeit σ und der magnetischen Permeabilität μ. Außerhalb des Zylinders sei Vakuum (Leitfähigkeit $\sigma_o = 0$, Permeabilität μ_o). Eingeführt wird ein Zylinderkoordinatensystem (ρ, φ, z), dessen z-Achse mit der Zylinderachse zusammenfällt (Abb. 1).

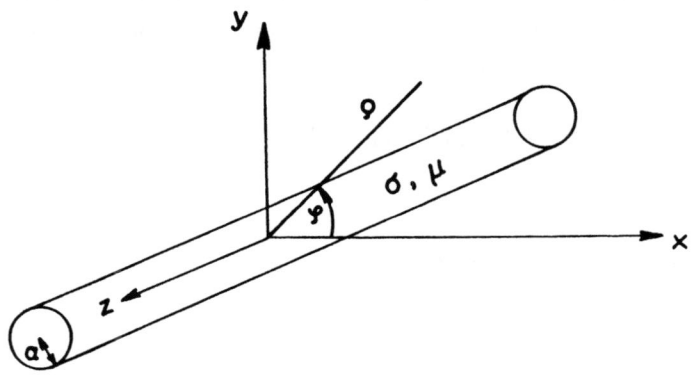

Abb. 1

Eine wesentliche Vereinfachung des Modells besteht in der Beschränkung auf zwei Dimensionen: Sämtliche vorkommenden Größen sollen unabhängig von z sein ($\frac{\partial}{\partial z} = 0$). Im folgenden beziehen sich, auch wenn nicht besonders darauf hingewiesen wird, alle Feldgrößen und Potentiale durchweg auf solche zweidimensionalen Felder. Ferner soll in diesem Kapitel das äußere, induzierende Magnetfeld transversal zum Zylinder gerichtet sein, also selbst keine z-Komponente besitzen. Es soll am Ort des Zylinders quellen- und wirbelfrei sein, d. h. es sollen dort keine magnetische Materie und keine durch elektromotorische Kräfte erzeugten elektrischen Ströme vorhanden sein. Ein solches Magnetfeld kann elektrische Felder und Ströme nur in z-Richtung induzieren und wird deshalb zweckmäßigerweise durch das magnetische Vektorpotential $\mathcal{A}$ beschrieben, das in diesem Falle nach (2.6) nur eine z-Komponente besitzt:

$$A_\rho = A_\varphi = 0 \quad , \quad A_z = A(\rho, \varphi) \quad . \tag{1}$$

Elektrisches und magnetisches Gesamtfeld lassen sich nach (2.5, 6) in ihren Komponenten durch A ausdrücken, das nunmehr wie eine skalare Größe behandelt werden kann:

$$\left. \begin{array}{l} H_\rho = \dfrac{1}{\rho} \dfrac{\partial A}{\partial \varphi} \\ H_\varphi = -\dfrac{\partial A}{\partial \rho} \\ H_z = 0 \end{array} \right\} \tag{2} \qquad \left. \begin{array}{l} E_\rho = E_\varphi = 0 \\ E_z = -i\omega\mu A \end{array} \right\} \tag{3}$$

Das Potential A wird für den Innen- und den Außenraum des Zylinders aus je einer partiellen Differentialgleichung bestimmt, die nach (2.7) im quasistationären Fall von der Form ist:

$$\Delta A = \begin{cases} i\sigma\mu\omega A = i\alpha^2 A & ; \rho \leqq a \\ 0 & ; \rho > a \end{cases} \tag{4}$$

Die Lösung dieser Differentialgleichung erfolgt in bekannter Weise durch einen Separations-Ansatz $A = R(\rho) \cdot \Phi(\varphi)$, durch den jede der beiden partiellen Differentialgleichungen (4) zurückgeführt wird auf zwei gewöhnliche Differentialgleichungen, die durch einen freien Parameter m^2 miteinander gekoppelt sind. Für den Innenraum des Zylinders ($\rho \leqq a$) ergibt sich aus der ersten Gleichung (4)

$$\frac{\rho^2}{R} \frac{d^2R}{d\rho^2} + \frac{\rho}{R} \frac{dR}{d\rho} - i\alpha^2 \rho^2 = m^2 \quad , \tag{5}$$

$$-\frac{1}{\Phi} \frac{d^2\Phi}{d\varphi^2} = m^2 \quad . \tag{6}$$

Die allgemeine Lösung der Gleichung (5) ist eine Linearkombination der Bessel-Funktion $J_m(\sqrt{-i}\alpha\rho)$ und der Neumann-Funktion $N_m(\sqrt{-i}\alpha\rho)$. Letztere scheidet aber als Lösung für das vorliegende spezielle Problem aus, da das Potential A für $\rho \to 0$ endlich bleiben muß. $R(\rho)$ ist also von der Form

$$R(\rho) = c_m \cdot J_m(\sqrt{-i}\alpha\rho) \tag{7}$$

mit der willkürlichen Konstanten c_m.

Für $\Phi(\varphi)$ erhält man aus (6) trigonometrische Funktionen:

$$\Phi(\varphi) = d_m \cdot \sin(m\varphi + \beta_m) \quad , \tag{8}$$

wobei d_m und β_m ebenfalls willkürliche Konstante sind. Aus dieser Form von $\Phi(\varphi)$ folgt wegen der Eindeutigkeit des Potentials A, daß für den Parameter m nur ganzzahlige Werte in Frage kommen: $m = 1, 2, \ldots$. Prinzipiell führt zwar auch der Wert $m = 0$ zu einer Lösung der Differentialgleichungen (4). In diesem Fall ergibt sich aber ein von φ unabhängiges Potential A, das ein ganz anderes physikalisches Modell beschreibt (vgl. § 14). Für ein transversales induzierendes Magnetfeld muß der Fall $m = 0$ aus physikalischen Gründen ausgeschlossen werden. Eine Partikulärlösung der ersten Gleichung (4) für den Innenraum des Zylinders ist also von der Form

$$C_m \cdot J_m (\sqrt{-i\alpha}\rho) \sin(m\varphi + \beta_m) \; ; \; m = 1, 2, \ldots \qquad (9)$$

Die Konstanten C_m und β_m sind durch die Grenzbedingungen am Zylindermantel zu bestimmen. Das gesamte Potential A im Innern des Zylinders erhält man durch Summieren über alle Werte von m :

$$A = \sum_{m=1}^{\infty} C_m J_m (\sqrt{-i\alpha}\rho) \sin(m\varphi + \beta_m) \; ; \; \rho \leq a \; . \qquad (10)$$

Für den Außenraum des Zylinders ($\rho > a$) ergeben sich aus der zweiten Gleichung (4) die beiden Differentialgleichungen

$$\frac{\rho^2}{R}\frac{d^2R}{d\rho^2} + \frac{\rho}{R}\frac{dR}{d\rho} = m^2 \; , \qquad (11)$$

$$-\frac{1}{\Phi}\frac{d^2\Phi}{d\varphi^2} = m^2 \; . \qquad (12)$$

Man erhält als Lösung für R (ρ) Potenzfunktionen und für $\Phi(\varphi)$ wiederum trigonometrische Funktionen. Eine Partikulärlösung der zweiten Gleichung (4) ist also von der Form

$$(\mathcal{E}_m \rho^m + \mathcal{J}_m \rho^{-m}) \sin(m\varphi + \gamma_m); \; m = 1, 2, \ldots \qquad (13)$$

mit den willkürlichen konstanten $\mathcal{E}_m$, $\mathcal{J}_m$ und γ_m, die ebenfalls durch die Grenzbedingungen zu bestimmen sind. Die gesamte Lösung für das Potential A erhält man wieder durch Summieren über alle Werte von m :

$$A = \sum_{m=1}^{\infty} (\mathcal{E}_m \rho^m + \mathcal{J}_m \rho^{-m}) \sin(m\varphi + \gamma_m); \; \rho > a \; . \qquad (14)$$

Das zu dem ersten Teil (Glieder mit $\mathcal{E}_m$) gehörige Magnetfeld ist überall im Innern des Zylinders regulär. Sein Ursprung liegt außerhalb des Zylinders, was durch den Buchstaben $\mathcal{E}$ (von engl. "external") angedeutet werden soll. Das zu dem zweiten Teil (Glieder mit $\mathcal{J}_m$) gehörige Magnetfeld ist dagegen im Außenraum des Zylinders regulär. Sein Ursprung liegt im Innern des Zylinders ($\mathcal{J}$ von engl. "internal"). Es sind die dort von dem äußeren Feld induzierten elektrischen Ströme.

Jedes der durch eine beliebige Wahl von $\mathcal{E}_m$ und γ_m (m = 1,2,...) dargestellten äußeren Felder ist im Endlichen quellen- und wirbelfrei. Andererseits läßt sich aber auch jedes am Ort des Zylinders quellen- und wirbelfreie äußere Feld durch eine geeignete Wahl der $\mathcal{E}_m$ und γ_m ausdrücken. Die Aufgabe ist, zu einer gegebenen Zusammenstellung der $\mathcal{E}_m$ und γ_m die entsprechenden Konstanten $\mathcal{J}_m$, C_m und β_m und damit das gesamte magnetische und elektrische Feld im Innern und Äußeren des Zylinders zu berechnen. Ihre nicht verschwindenden Komponenten sind nach (2) und (3) mit (10) und (14)

$$\left. \begin{array}{l} H_\rho = \sum_{m=1}^{\infty} C_m \frac{m}{\rho} J_m(\sqrt{-i\alpha}\rho) \cos(m\varphi + \beta_m) \\ H_\varphi = -\sum_{m=1}^{\infty} C_m \frac{d}{d\rho} J_m(\sqrt{-i\alpha}\rho) \sin(m\varphi + \beta_m) \\ E_z = -i\omega\mu \sum_{m=1}^{\infty} C_m J_m(\sqrt{-i\alpha}\rho) \sin(m\varphi + \beta_m) \end{array} \right\} \text{für } \rho \leq a \; , \qquad (15)$$

$$\left. \begin{array}{l} H_\rho = \sum_{m=1}^{\infty} m (\mathcal{E}_m \rho^{m-1} + \mathcal{J}_m \rho^{-m-1}) \cos(m\varphi + \gamma_m) \\ H_\varphi = -\sum_{m=1}^{\infty} m (\mathcal{E}_m \rho^{m-1} - \mathcal{J}_m \rho^{-m-1}) \sin(m\varphi + \gamma_m) \\ E_z = -i\omega\mu_0 \sum_{m=1}^{\infty} (\mathcal{E}_m \rho^m + \mathcal{J}_m \rho^{-m}) \sin(m\varphi + \gamma_m) \end{array} \right\} \text{für } \rho > a \; . \qquad (16)$$

§ 3

Zum elektrischen Feld sei bemerkt, daß es, seiner Natur als Wirbelfeld entsprechend, nur durch eine Induktionsschleife gemessen werden kann. Diese denke man sich im Außenraum des Zylinders in einer Ebene durch die Zylinderachse, beiderseits im gleichen Abstand vom Zylinder, parallel zur Achse geführt und im Unendlichen geschlossen. Der induzierte Strom ist proportional dem Wert von E_z an jedem (endlichen) Ort der Schleife. Im Innern des Zylinders denke man sich die Meßschleife aus den jeweiligen Stromfäden selbst gebildet. Die Zunahme des induzierten elektrischen Feldes E_z mit wachsendem ρ im Innen- und Außenraum steht nicht in Widerspruch zu der Abnahme des Einflusses des leitenden Zylinders auf das elektrische und magnetische Gesamtfeld mit wachsendem Abstand.

Die Bestimmung von $\mathcal{J}_m$, C_m und β_m erfolgt durch die Grenzbedingungen an der Zylinderoberfläche. Sie fordern den stetigen Übergang der tangentialen Komponenten von magnetischem und elektrischem Feld, also von H_φ und E_z. Da die trigonometrischen Funktionen ein orthogonales Funktionensystem bilden und ihre Koeffizienten in (15), (16) für $\rho = a$ konstant sind, können die Grenzbedingungen für jedes φ nur dann erfüllt sein, wenn $\beta_m = \gamma_m \pm n \cdot 180°$ (n ganzzahlig) für alle m ist. Setzt man $\beta_m = \gamma_m$, so ergeben sich zur Erfüllung der Grenzbedingungen die notwendigen und hinreichenden Beziehungen

$$C_m \left[\frac{d}{d\rho} J_m(\sqrt{-i}\alpha\rho) \right]_{\rho=a} = m(\mathcal{E}_m a^{m-1} - \mathcal{J}_m a^{-m-1}), \quad m = 1, 2, \ldots \quad (17)$$

$$\mu C_m J_m(\sqrt{-i}\alpha a) = \mu_0 (\mathcal{E}_m a^m + \mathcal{J}_m a^{-m}), \quad m = 1, 2, \ldots \quad (18)$$

Dieses sind zwei Bestimmungsgleichungen für C_m und $\mathcal{J}_m$. Nach Anwendung zweier Rekursionsformeln für Bessel-Funktionen ergibt sich (vgl. [9] S. 11 f.)

$$C_m = \frac{2m\, a^{m-1}}{\sqrt{-i}\,\alpha\, J_{m-1}(\sqrt{-i}\alpha a) + \frac{m}{a} J_m(\sqrt{-i}\alpha a)\left(\frac{\mu}{\mu_0}-1\right)} \mathcal{E}_m; \quad m = 1, 2, \ldots \quad (19)$$

$$\mathcal{J}_m = a^{2m} \frac{\sqrt{-i}\,\alpha a\, J_{m-1}(\sqrt{-i}\alpha a) + m J_m(\sqrt{-i}\alpha a)\left(\frac{\mu}{\mu_0}+1\right)}{\sqrt{-i}\,\alpha a\, J_{m-1}(\sqrt{-i}\alpha a) + m J_m(\sqrt{-i}\alpha a)\left(\frac{\mu}{\mu_0}-1\right)} \mathcal{E}_m; \quad m = 1, 2, \ldots \quad (20)$$

Mit (19), (20) und $\beta_m = \gamma_m$ ist das gesamte magnetische und elektrische Feld im Innen- und Außenraum des Zylinders nach (15) und (16) ausgedrückt durch die gegebenen Konstanten $\mathcal{E}_m$ und γ_m (m = 1, 2, ...) für das induzierende äußere Feld.

Eine Änderung der Leitfähigkeit σ des Zylinders oder der Frequenz ω macht sich in C_m und $\mathcal{J}_m$ nur durch Änderung des allgemeinen Konstantenparameters $\alpha = \sqrt{\sigma\mu\omega}$ im Argument der Bessel-Funktionen bemerkbar, eine solche von μ dagegen zusätzlich noch durch Änderung weiterer reeller Faktoren. Änderungen von σ oder ω einerseits und μ andererseits sind mithin nicht gleichbedeutend für die Induktion im Zylinder.

Die Darstellung des Magnetfeldes $\mathcal{H}$ durch ein magnetisches Vektorpotential $\mathcal{A}$ in der Form (1.5) gilt nur in den Teilen des Raumes, in denen die Permeabilität konstant ist. Aus der allgemein geltenden Gleichung

$$\operatorname{div} \mathcal{B} = 0 \quad (21)$$

folgt lediglich

$$\operatorname{div} \mathcal{H} = -\frac{1}{\mu} \mathcal{H} \cdot \operatorname{grad} \mu \quad . \quad (22)$$

Orte mit einem nicht verschwindenden Gradienten der Permeabilität in Richtung des Feldes, wie im vorliegenden Fall etwa der Zylindermantel, sind Quellen eines zusätzlichen Magnetfeldes, das sich dem äußeren, induzierenden Feld und dem der induzierten Ströme überlagert. Da aber in einem Leiter keine magnetischen Wechselfelder von derselben Gestalt wie statische Felder existieren können, ist diese Überlagerung selbst außerhalb des Zylinders nicht leicht zu übersehen. Das magnetisch induzierte Feld hat dort bei periodischer Erregung nicht dieselbe Gestalt wie das im statischen Fall induzierte Feld einer Summe von Multipolfeldern. Die genauere Untersuchung der magnetischen Induktion wäre interessant, soll aber hier nicht Gegenstand der Behandlung sein. Um für die numerische Auswertung der Lösung zwecks graphischer Darstellung des Magnetfeldes den möglichst einfachen Fall zu bekommen, wird im folgenden abgesehen von der magnetischen Induktion und durchweg $\mu = \mu_0$ gesetzt. Die Beziehungen (19), (20) zwischen C_m, J_m und $\mathcal{E}_m$ vereinfachen sich dann zu

$$C_m = \frac{2 m a^{m-1}}{\sqrt{-i}\, \alpha\, J_{m-1}(\sqrt{-i}\, \alpha a)} \mathcal{E}_m; \quad m = 1, 2, \ldots \tag{23}$$

$$J_m = a^{2m} \frac{J_{m+1}(\sqrt{-i}\, \alpha a)}{J_{m-1}(\sqrt{-i}\, \alpha a)} \mathcal{E}_m; \quad m = 1, 2, \ldots \tag{24}$$

Äußeres, induzierendes Magnetfeld sei speziell ein Feld, bei dem in der Entwicklung des zugehörigen Vektorpotentials $A^\mathcal{E}$ alle Koeffizienten $\mathcal{E}_m$ außer $\mathcal{E}_1$ verschwinden, so daß $A^\mathcal{E}$ die Form hat

$$A^\mathcal{E} = \mathcal{E}_1 \cdot \rho \cdot \sin(\varphi + \gamma_1) \tag{25}$$

Dieses Potential stellt ein homogenes Magnetfeld vom Betrage $\mathcal{E}_1$ dar, das für $\gamma_1 = 0$ parallel zur x-Achse des kartesischen Koordinatensystems der Abb. 1 gerichtet ist. Es wird mit H_0 bezeichnet und ist als induzierendes Feld allen weiteren Betrachtungen in diesem Kapitel zugrunde gelegt.

§ 4. Die Radialkomponente des Magnetfeldes

a) Die Induktionsfunktionen

Es soll zunächst die radiale Komponente H_ρ des Magnetfeldes innerhalb und außerhalb des Zylinders berechnet und diskutiert werden. Da die φ-Komponente infolge des Faktors $\sin\varphi$ in den zweiten der Gleichungen (3.15) und (3.16) bei $\varphi = 0°$ und $\varphi = 180°$ für alle ρ verschwindet, stellt H_ρ zugleich das gesamte Magnetfeld in der Ebene durch die x-Achse dar.

Mit (3.23) lautet die komplexe Lösung für H_ρ im Innern des Zylinders nach (3.15)

$$H_\rho = H_0 \frac{2 J_1(\sqrt{-i}\,\alpha\rho)}{\sqrt{-i}\,\alpha\rho\, J_0(\sqrt{-i}\,\alpha a)} \cos\varphi; \quad \rho \leq a. \tag{1}$$

Reelle Lösung für sinusförmige Erregung des induzierenden Feldes ist der Imaginärteil. Bei der Trennung in Real- und Imaginärteil des komplexen Ausdrucks (1) für H_ρ ist jetzt natürlich der komplexe Faktor $e^{i\omega t} = \cos\omega t + i \sin\omega t$ für die harmonische Zeitabhängigkeit, der in allen Gleichungen für die Felder und Potentiale fortgelassen worden ist, mit zu berücksichtigen. Die Trennung der in der komplexen Lösung auftretenden Bessel-Funktionen mit komplexen Argumenten in Real- und Imaginärteil

§ 4

führt in der reellen Lösung auf Kelvin-Funktionen $\text{ber}_m(z)$ und $\text{bei}_m(z)$, definiert durch die Gleichung

$$J_m(\sqrt{-i}\,z) = \text{ber}_m(z) + i\,\text{bei}_m(z) \quad . \tag{2}$$

Die reelle Lösung für H_ρ läßt sich schreiben in der Form

$$H_\rho = H_o \cdot \{C_\rho^{\sin} \sin\omega t + C_\rho^{\cos} \cos\omega t\} \cdot \cos\varphi \quad . \tag{3}$$

Die dimensionslosen Größen $C_\rho^{\sin}$ und $C_\rho^{\cos}$ sind "Induktionsfunktionen" der ebenfalls dimensionslosen "numerischen Entfernung"

$$R_\rho = \alpha\rho = \sqrt{\sigma\mu\omega}\,\rho \tag{4}$$

bei jeweils festem "numerischen Radius"

$$R_a = \alpha a = \sqrt{\sigma\mu\omega}\,a \quad . \tag{5}$$

Sie haben im Innern des Zylinders die Gestalt

$$\left.\begin{array}{l} C_\rho^{\sin} = -\dfrac{\sqrt{2}}{R_\rho} \dfrac{\text{ber}_1(R_\rho)\left[\text{ber}(R_a)+\text{bei}(R_a)\right] - \text{bei}_1(R_\rho)\left[\text{ber}(R_a)-\text{bei}(R_a)\right]}{\text{ber}^2(R_a)+\text{bei}^2(R_a)} \\[2mm] C_\rho^{\cos} = -\dfrac{\sqrt{2}}{R_\rho} \dfrac{\text{ber}_1(R_\rho)\left[\text{ber}(R_a)-\text{bei}(R_a)\right] + \text{bei}_1(R_\rho)\left[\text{ber}(R_a)+\text{bei}(R_a)\right]}{\text{ber}^2(R_a)+\text{bei}^2(R_a)} \end{array}\right\} \rho \leq a. \tag{6}$$

Im Außenraum des Zylinders lautet die komplexe Lösung für H_ρ nach (3.16) mit (3.24)

$$H_\rho = H_o \left[1 + \left(\frac{a}{\rho}\right)^2 \frac{J_2(\sqrt{-i}\,\alpha a)}{J_o(\sqrt{-i}\,\alpha a)}\right]\cos\varphi \;;\; \rho \geq a \quad . \tag{7}$$

Die reelle Lösung für sinusförmige Erregung läßt sich in der gleichen Form (3) schreiben wie im Innern des Zylinders. Dabei haben lediglich die Induktionsfunktionen $C_\rho^{\sin}$ und $C_\rho^{\cos}$ eine andere Gestalt:

$$\left.\begin{array}{l} C_\rho^{\sin} = 1 + \left(\dfrac{R_a}{R_\rho}\right)^2 \dfrac{\text{ber}(R_a)\text{ber}_2(R_a)+\text{bei}(R_a)\text{bei}_2(R_a)}{\text{ber}^2(R_a)+\text{bei}^2(R_a)} \\[2mm] C_\rho^{\cos} = \left(\dfrac{R_a}{R_\rho}\right)^2 \dfrac{\text{ber}(R_a)\text{bei}_2(R_a)-\text{bei}(R_a)\text{ber}_2(R_a)}{\text{ber}^2(R_a)+\text{bei}^2(R_a)} \end{array}\right\} \rho \geq a \quad . \tag{8}$$

Die Induktionsfunktionen der Radialkomponente des Magnetfeldes im Innen- und Außenraum des Zylinders sind aufgetragen in Abb. 2, und zwar für $R_a = 1, 2, 4$ und 10. Der Wert $R_\rho = R_a$ auf der Abszisse ist dabei jeweils auf 1 normiert: die Kurven sind aufgetragen über $R_\rho/R_a = \rho/a$. Da in der Ebene $y = 0$ der Faktor $\cos\varphi$ in (3) gleich 1 ist, kennzeichnen die dargestellten "Induktionskurven" direkt den Einfluß, den der leitende Zylinder in dieser Ebene auf das gesamte Magnetfeld hat. Das äußere, induzierende Feld, das dem Gesamtfeld bei verschwindender Leitfähigkeit entspricht, wird in dieser Darstellung gekennzeichnet durch

$$C_\rho^{\sin} \equiv +1 \quad , \quad C_\rho^{\cos} \equiv 0 \quad . \tag{9}$$

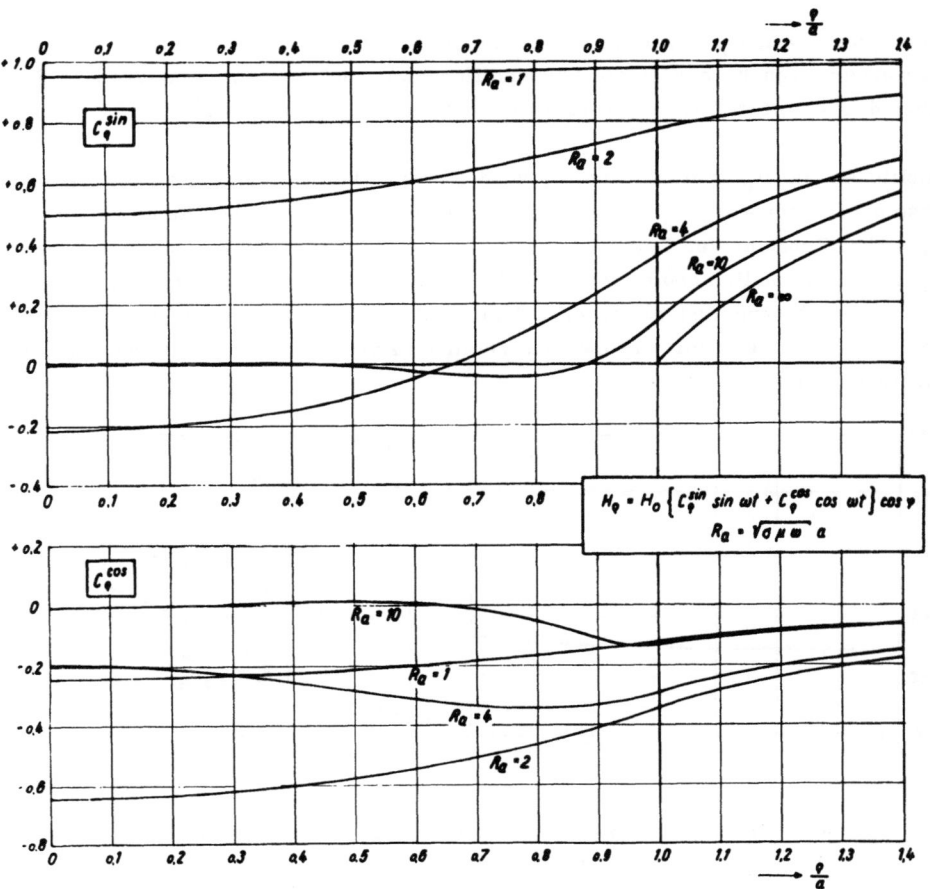

Abb. 2: Induktionsfunktionen für die Radialkomponente des Magnetfeldes bei transversalem induzierenden Feld.

Im Grenzfall unendlich hoher Leitfähigkeit verschwindet die Kosinus-Phase der Radialkomponente durchweg, die Sinus-Phase dagegen nur im Innern des Zylinders. Außerhalb des Zylinders nähert sie sich mit wachsendem Abstand von der Oberfläche quadratisch dem äußeren, induzierenden Feld.

b) Getrennte Darstellung der Amplituden und Phasen

Neben der Darstellung der Sinus- und Kosinus-Phasen, unter Einbeziehung der Amplituden, ist für die Radialkomponente H_ρ des Magnetfeldes auch eine getrennte Darstellung der Amplituden und Phasen möglich. Schreibt man H_ρ in der Form

$$H_\rho = H_o \cdot C_\rho \sin(\omega t + \psi_\rho) \cdot \cos\varphi, \qquad (10)$$

wobei H_o wiederum die Feldstärke des äußeren, induzierenden Feldes ist, so ist der Zusammenhang mit der Darstellung (3) gegeben durch die Beziehungen

$$C_\rho = \sqrt{(C_\rho^{\sin})^2 + (C_\rho^{\cos})^2}, \qquad (11)$$

$$\psi_\rho = \operatorname{arc\,tg} \frac{C_\rho^{\cos}}{C_\rho^{\sin}}. \qquad (12)$$

Die Bilder der Funktionen C_ρ und ψ_ρ heißen nach KERTZ [9] "Amplituden-" und "Phasen-Induktionskurven". Einzelwerte von ψ_ρ stellen die Phasendifferenz gegenüber dem induzierenden Feld dar, die "Amplituden-Induktionswerte" C_ρ die relativen Amplituden $|H_\rho| / |H_o \cos\varphi|$.

Die Amplituden des H_ρ-Feldes (Abb. 3) werden sowohl bei Annäherung an den Zylinder bzw. die Zylinderachse bei festem Wert R_a als auch mit wachsendem numerischen Radius R_a bei festem Wert von ρ/a, d. h. bei Zunahme der Leitfähigkeit σ, der Frequenz ω oder des wahren Radius a, sämtlich kleiner. Dieses Verhalten deutet bereits auf eine Schirmwirkung des leitenden Zylinders auf das Magnetfeld in seinem Innern hin (vgl. S. 21 und 39). Außerhalb des Zylinders nähert sich die Amplitude des H_ρ-Feldes in jedem Fall mit wachsendem relativen Abstand ρ/a quadratisch dem Wert für das äußere, induzierende Feld ($C_\rho \equiv 1$).

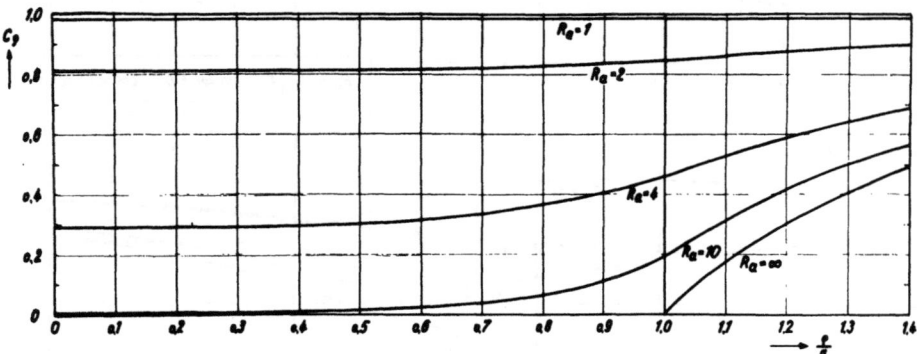

Abb. 3: Amplituden-Induktionskurven für die Radialkomponente des Magnetfeldes bei transversalem induzierenden Feld.

Die Phasen-Induktionskurven (Abb. 4) zeigen eine mit wachsendem R_a zunehmende Phasenverzögerung des Magnetfeldes beim Eindringen in den leitenden Zylinder sowie die Beeinflussung der Phasen des H_ρ-Feldes in der Umgebung des Zylinders. In größerer Entfernung nähert sich die Phase für jeden Wert von R_a asymptotisch der Phase des äußeren Feldes ($\psi_\rho \equiv 0°$).

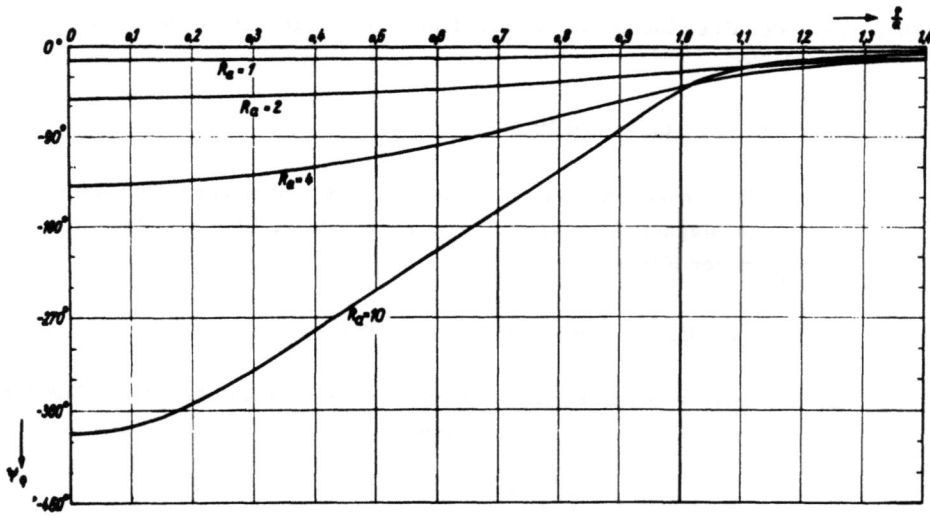

Abb. 4: Phasen-Induktionskurven für die Radialkomponente des Magnetfeldes bei transversalem induzierenden Feld.

c) Vektorielle Darstellung in der Periodenuhr

Die Darstellung der Radialkomponente H_ρ des Magnetfeldes nach Amplitude und Phase läßt sich vektoriell zusammenfassen in einer Periodenuhr (BARTELS [1]). Trägt man nach rechts die Werte der Induktionsfunktion $C_\rho^{\sin}$ auf und nach oben diejenigen von $C_\rho^{\cos}$, so stellt nach (11), (12) der Abstand vom Nullpunkt jeweils den Amplituden-Induktionswert C_ρ dar und das Azimut, gemessen von der rechten Halbachse, die Phasendifferenz ψ_ρ gegenüber dem erregenden Feld (Abb. 5). Negative Werte von ψ_ρ bedeuten dabei eine Phasenverzögerung des Gesamtfeldes.

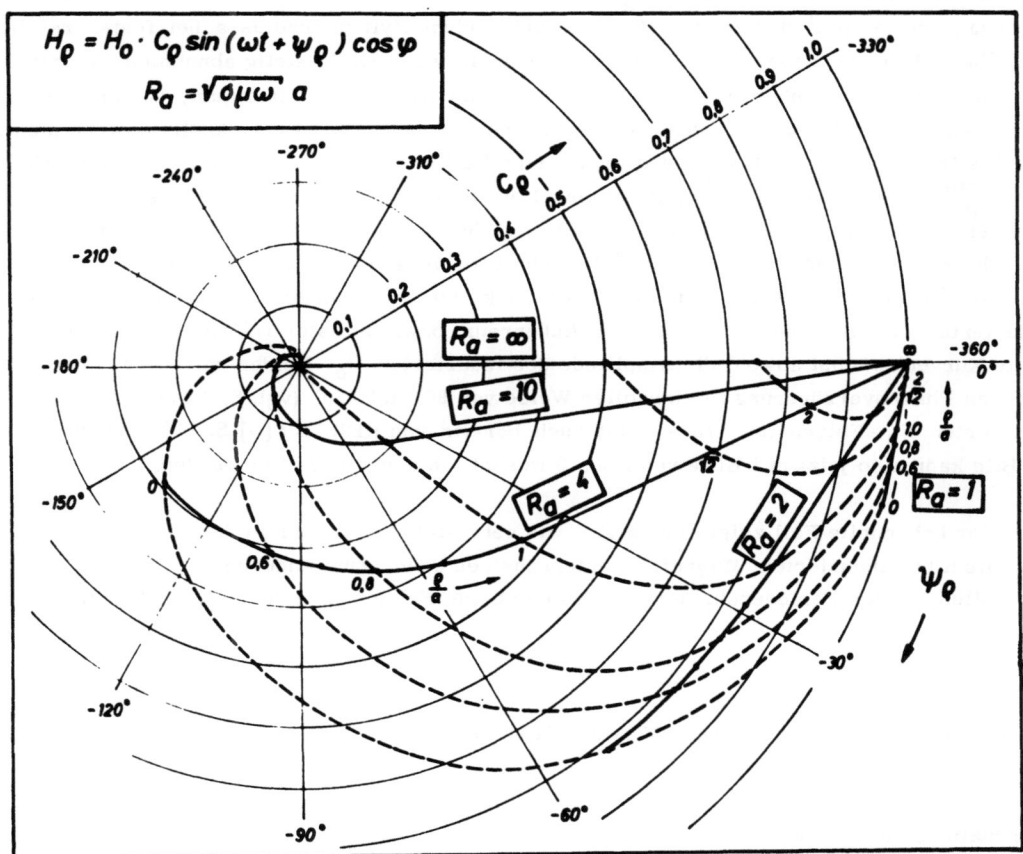

Abb. 5: Periodenuhr für die Radialkomponente des Magnetfeldes bei transversalem induzierenden Feld.

Die ausgezogenen Kurven stellen die Induktionskurven für jeweils feste Werte von R_a dar, sowohl im Innern als auch im Äußeren des Zylinders. Sie beschreiben die Änderung des H_ρ-Feldes für feste Werte der Leitfähigkeit σ, der Frequenz ω und des Zylinderradius a mit sich ändernder Entfernung von der Zylinderachse. Als Parameter läuft ρ/a auf ihnen von 0 bis ∞. Das äußere, induzierende Feld, entsprechend $R_\rho = 0$, wird in dieser Darstellung beschrieben durch einen einzigen Punkt auf der rechten Halbachse bei $C_\rho = 1$, der zugleich das H_ρ-Feld bei $\rho/a = \infty$ für jeden Wert von R_a beschreibt. Für einen schwach leitenden Zylinder oder bei niedriger Frequenz ($R_a = 1$) ändern sich

Amplitude und Phase selbst bis zur Zylinderachse ($\rho/a = 0$) noch relativ wenig. Bei $R_a = 10$ aber kommen die starke Amplitudenabnahme durchweg und die schnelle Phasendrehung im Innern des Zylinders sehr anschaulich zusammenhängend zum Ausdruck. Der Grenzfall unendlich hoher Leitfähigkeit ($R_a = \infty$) wird beschrieben durch die Strecke auf der rechten Halbachse zwischen 0 und $R_\rho = +1$. Im Außenraum des Zylinders verlaufen die Induktionskurven für jeweils feste Werte R_a zwischen $\rho/a = 1$ und $\rho/a = \infty$ sämtlich als gerade Linien. Dabei findet in jedem Fall mit ρ/a eine quadratische Annäherung an das "asymptotische Feld" im Unendlichen statt: bei doppeltem ρ/a hat man sich dem Punkt $C_\rho = +1$, $\psi_\rho = 0°$ auf 1/4 der restlichen Strecke genähert, bei dreifachem ρ/a auf 1/9 usw.

Verbindet man die Punkte gleichen Wertes ρ/a miteinander, so erhält man die gestrichelt eingezeichneten Induktionskurven für jeweils feste Werte ρ/a. Sie beschreiben das Verhalten des H_ρ-Feldes an einem festen Ort mit wachsendem R_a, d. h. bei zunehmender Leitfähigkeit σ des Zylinders oder Frequenz ω, sowie die Änderung von H_ρ mit wachsendem Zylinderradius a bei fester relativer Entfernung ρ/a. Während dabei jedoch die Amplituden an jeder Stelle stetig abnehmen, nimmt die Phasenverzögerung überall im Außenraum zunächst zu, um dann nach einem Maximum, das am größten bei $\rho/a = 1$ ist, wieder bis auf 0° abzunehmen. Dieses Verhalten wird verständlich, wenn man im Außenraum an Stelle des Gesamtfeldes nur den induzierten Teil des Feldes betrachtet, den man erhält, wenn man die C_ρ^{sin}-Werte für das Gesamtfeld um 1 vermindert, bei gleichbleibenden C_ρ^{cos} Werten. Man braucht sich in Abb. 5 lediglich den Teil des Bildes, der das Gesamtfeld im Außenraum beschreibt, um eine Strecke von der "numerischen Länge" 1 nach links verschoben zu denken. Der dem Feld im Unendlichen entsprechende Punkt rückt dann in den Nullpunkt der Periodenuhr: im Unendlichen verschwindet das induzierte Feld. An einem festen Ort im Außenraum bzw. in fester relativer Entfernung ρ/a (gestrichelte Kurven) wächst sowohl die Amplitude des induzierten H_ρ-Feldes mit zunehmendem R_a als auch dessen Phasenverzögerung in sinnvoller Weise von 90° auf 180° (vgl. S. 28 und Abb. 13). Die Kurve des induzierten H_ρ-Feldes für $\rho/a = 1$ ist auch bereits von KERTZ ([9] S. 19) dargestellt worden. Dieses Bild kann also jetzt mit Hilfe von Abb. 5 wesentlich vervollständigt werden.

Der hier behandelte Fall zeigt einerseits, wie sehr sich das Verhalten der Amplituden und Phasen von gesamtem und induziertem Magnetfeld unterscheiden kann. Zum anderen tritt deutlich der Vorteil der Darstellung in der Periodenuhr hervor, bei der beide Felder durch kongruente Bilder veranschaulicht werden.

§ 5. Die φ-Komponente des Magnetfeldes

a) Die Induktionsfunktionen

Die komplexe Lösung der φ-Komponente bei einem äußeren, induzierenden Feld der Form (3.25) lautet nach (3.15) mit (3.23) im Innern des Zylinders

$$H_\varphi = -H_0 \frac{2 \frac{d}{d\rho} J_1(\sqrt{-i}\alpha\rho)}{\sqrt{-i}\alpha \, J_0(\sqrt{-i}\alpha a)} \sin\varphi \; ; \quad \rho \leq a \; . \tag{1}$$

Auch hier läßt sich die reelle Lösung für sinusförmige Erregung, der Imaginärteil des komplexen Ausdrucks (1), in einer ähnlichen Form schreiben wie diejenige der Radialkomponente H_ρ in (4.3):

$$H_\varphi = H_0 \cdot \left\{ C_\varphi^{sin} \sin\omega t + C_\varphi^{cos} \cos\omega t \right\} \cdot \sin\varphi \; . \tag{2}$$

Die Induktionsfunktionen $C_\varphi^{\sin}$ und $C_\varphi^{\cos}$ sind bei festem numerischen Radius $R_a = \alpha a = \sqrt{\sigma\mu\omega}\,a$ wieder jeweils dimensionslose Funktionen der numerischen Entfernung $R_\rho = \sqrt{\sigma\mu\omega}\,\rho$:

$$\left.\begin{aligned}C_\varphi^{\sin} &= -\frac{\sqrt{2}}{R_\rho} \frac{\operatorname{ber}_1(R_\rho)[\operatorname{ber}(R_a)+\operatorname{bei}(R_a)] - \operatorname{bei}_1(R_\rho)[\operatorname{ber}(R_a)-\operatorname{bei}(R_a)]}{\operatorname{ber}^2(R_a)+\operatorname{bei}^2(R_a)} - 2\frac{\operatorname{ber}(R_a)\operatorname{bei}(R_\rho) - \operatorname{bei}(R_a)\operatorname{ber}(R_\rho)}{\operatorname{ber}^2(R_a)+\operatorname{bei}^2(R_a)} \\ C_\varphi^{\cos} &= -\frac{\sqrt{2}}{R_\rho} \frac{\operatorname{ber}_1(R_\rho)[\operatorname{ber}(R_a)-\operatorname{bei}(R_a)] + \operatorname{bei}_1(R_\rho)[\operatorname{ber}(R_a)+\operatorname{bei}(R_a)]}{\operatorname{ber}^2(R_a)+\operatorname{bei}^2(R_a)} - 2\frac{\operatorname{ber}(R_a)\operatorname{bei}(R_\rho) - \operatorname{bei}(R_a)\operatorname{ber}(R_\rho)}{\operatorname{ber}^2(R_a)+\operatorname{bei}^2(R_a)}\end{aligned}\right\}\rho \leq a \quad (3)$$

Im Außenraum lautet die komplexe Lösung der φ-Komponente des Magnetfeldes nach (3. 16) mit (3. 24)

$$H_\varphi = -H_0 \left(1 - \left(\frac{a}{\rho}\right)^2 \frac{J_2(\sqrt{-i}\,\alpha a)}{J_0(\sqrt{-i}\,\alpha a)}\right) \sin\varphi \quad ; \quad \rho \geq a \quad . \tag{4}$$

Die reelle Lösung für H_φ bei sinusförmiger Erregung läßt sich ebenfalls wieder schreiben in der Form (2) mit Induktionsfunktionen der Gestalt

$$\left.\begin{aligned}C_\varphi^{\sin} &= -1 + \left(\frac{R_a}{R_\rho}\right)^2 \frac{\operatorname{ber}(R_a)\operatorname{ber}_2(R_a) + \operatorname{bei}(R_a)\operatorname{bei}_2(R_a)}{\operatorname{ber}^2(R_a)+\operatorname{bei}^2(R_a)} \\ C_\varphi^{\cos} &= \left(\frac{R_a}{R_\rho}\right)^2 \frac{\operatorname{ber}(R_a)\operatorname{bei}_2(R_a) - \operatorname{bei}(R_a)\operatorname{ber}_2(R_a)}{\operatorname{ber}^2(R_a)+\operatorname{bei}^2(R_a)}\end{aligned}\right\} \rho \geq a \quad . \tag{5}$$

Da die Radialkomponente nach (4. 3) bei $\varphi = 90°$ und $\varphi = 270°$ verschwindet, der bei H_φ in (2) auftretende Faktor hingegen dort gleich $+1$ bzw. -1 ist, veranschaulichen die Induktionsfunktionen für die φ-Komponente des Magnetfeldes zugleich das gesamte Magnetfeld in der Ebene $x = 0$.

Abb. 6 zeigt $C_\varphi^{\sin}$ und $C_\varphi^{\cos}$ in der gleichen Darstellung und für die gleichen Werte von R_a wie die entsprechenden Induktionskurven für die Radialkomponente in Abb. 2. Das äußere, induzierende Feld, entsprechend dem Gesamtfeld bei verschwindender Leitfähigkeit des Zylinders, wird hierbei gekennzeichnet durch

$$C_\varphi^{\sin} \equiv -1 \quad , \qquad C_\varphi^{\cos} \equiv 0 \quad . \tag{6}$$

Bei unendlich hoher Leitfähigkeit des Zylinders ($R_a = \infty$) verschwindet, wie bei der ρ-Komponente, die Kosinus-Phase der φ-Komponente durchweg, die Sinus-Phase dagegen wiederum nur im Innern des Zylinders. Außerhalb des Zylinders nähert sich auch H_φ mit wachsendem relativen Abstand ρ/a quadratisch dem äußeren, induzierenden Feld.

b) Getrennte Darstellung der Amplituden und Phasen

Eine gesonderte Betrachtung der Amplituden und Phasen der φ-Komponente ist möglich, wenn man sie in ähnlicher Form wie bei der Radialkomponente (4. 10) schreibt:

$$H_\varphi = -H_0 \cdot C_\varphi \sin(\omega t + \psi_\varphi) \cdot \sin\varphi \quad . \tag{7}$$

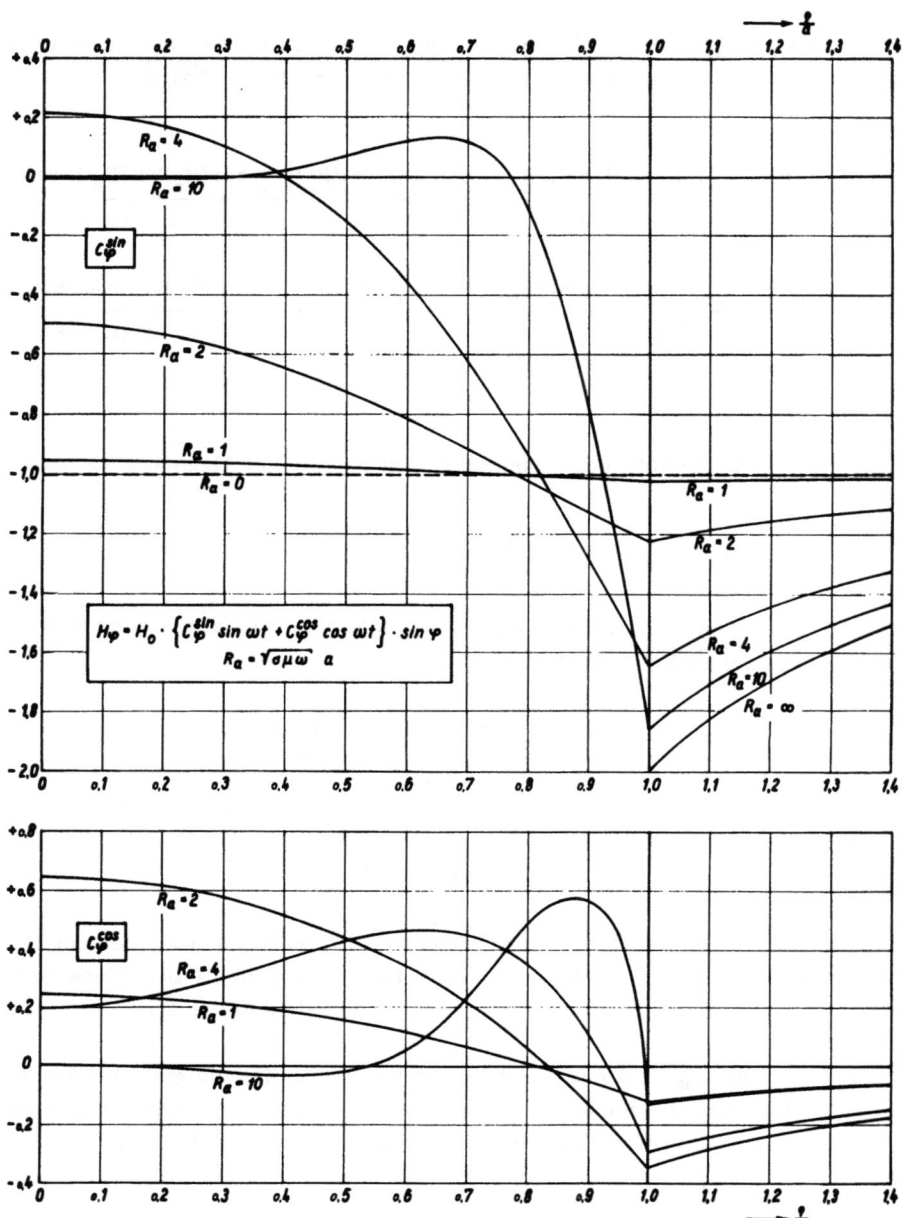

Abb. 6: Induktionsfunktionen für die φ-Komponente des Magnetfeldes bei transversalem induzierenden Feld.

Dabei ist H_o die Feldstärke des äußeren, induzierenden Feldes. Der Amplituden-Induktionswert C_φ stellt wieder die relative Amplitude dar,

$$C_\varphi = \frac{|H_\varphi|}{|H_o \sin\varphi|} \qquad (8)$$

Da ψ_φ wieder die Phasendifferenz gegenüber dem induzierenden Feld angeben soll, ist durch ein Minuszeichen in (7) berücksichtigt worden, daß die positive Richtung des induzierenden Feldes bei $\varphi = 90°$ gleich der negativen φ-Richtung gewählt wurde. Der Zusammenhang dieser Darstellungsart des H_φ-Feldes mit der Form (2) ist gegeben durch die Beziehungen

$$C_\varphi = \sqrt{(C_\varphi^{\sin})^2 + (C_\varphi^{\cos})^2} \quad , \tag{9}$$

$$\psi_\varphi = \text{arc tg} \frac{C_\varphi^{\cos}}{C_\varphi^{\sin}} \quad . \tag{10}$$

Die Amplituden- und Phasen-Induktionskurven für die φ-Komponente des Magnetfeldes sind in Abb. 7 und 8 aufgetragen über ρ/a, im gleichen Maßstab wie diejenigen für die ρ-Komponente (Abb. 3 und 4). Sie zeigen allerdings gegenüber diesen einige bemerkenswerte Unterschiede: Die Amplituden des H_φ-Feldes (Abb. 7) nehmen für alle Werte von R_a im gesamten Außenraum bei Annäherung an den Zylinder bis zur Oberfläche ($\rho/a = 1$) hin zu, um erst im Innern wieder monoton abzunehmen. Während weiterhin im inneren Teil, etwa bis $\rho/a = 0,75$, die Schirmwirkung des Zylinders auch hier in einer zunehmenden Dämpfung des Feldes mit wachsendem R_a gut zum Ausdruck kommt, nehmen in der oberflächennahen Schicht die Amplituden des H_φ-Feldes wie im Außenraum mit wachsendem R_a zu. Dieser "Skineffekt der φ-Komponente" kommt, ebenso wie die Schirmwirkung im inneren Teil, zustande durch eine mit wachsendem R_a zunehmende Verdrängung des Gesamtfeldes quer zum induzierenden Feld aus dem inneren Teil des Zylinders bis an seine Oberfläche. Bei $R_a = \infty$ (unendlich hohe Leitfähigkeit) ist das Gesamtfeld auf dem Zylindermantel bei $\varphi = 90°$ und $\varphi = 270°$ von gleicher Richtung und doppelter Stärke wie das äußere, induzierende Feld; bei $\varphi = 0°$ und $\varphi = 180°$ hingegen sowie im gesamten Innern des Zylinders ist überhaupt kein Feld mehr vorhanden. Die Phasendifferenzen des H_φ-Feldes gegenüber dem induzierenden Feld (Abb. 8) sind im Gegensatz zu denen des H_ρ-Feldes im gesamten Außenraum des Zylinders positiv.

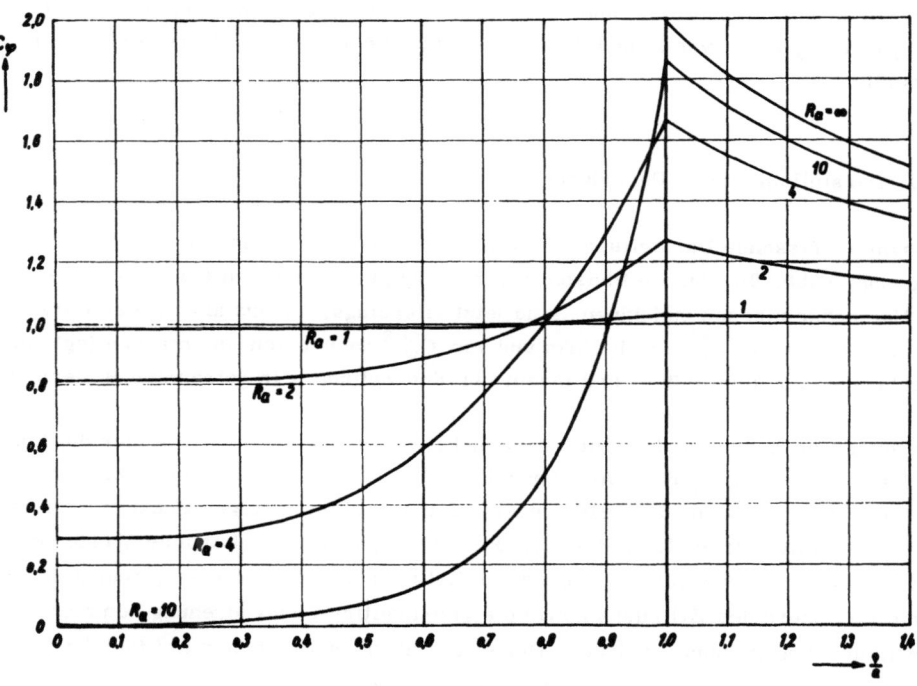

Abb. 7: Amplituden-Induktionskurven für die φ-Komponente des Magnetfeldes bei transversalem induzierenden Feld.

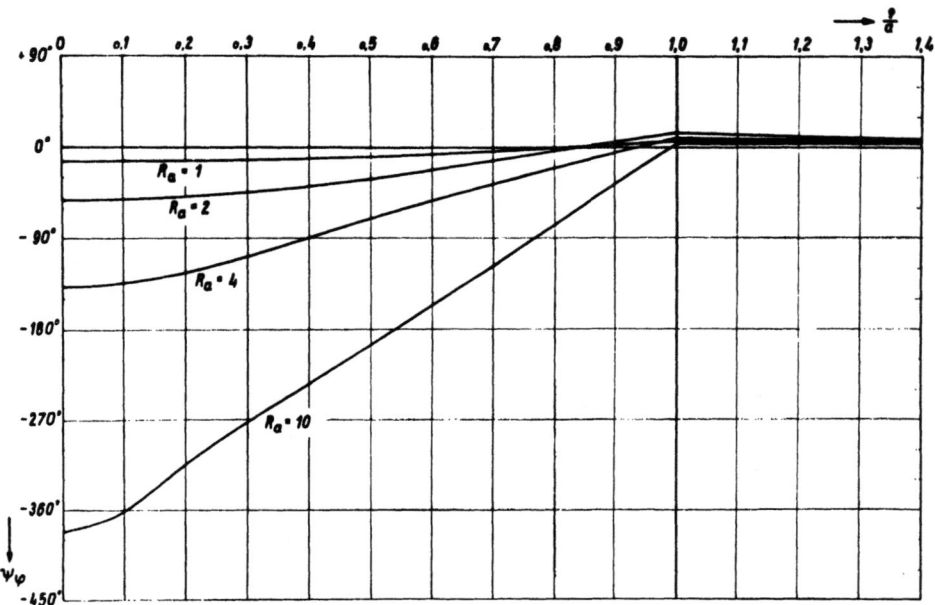

Abb. 8: Phasen-Induktionskurven für die φ-Komponente des Magnetfeldes bei transversalem induzierenden Feld.

Bei $\rho/a = 0$ erhält man für ρ- und φ-Komponente bei gleichem Wert von R_a auch jeweils gleiche Werte von C_ρ und C_φ sowie von ψ_ρ und ψ_φ, wie es für die Eindeutigkeit des Feldes am Ort der Zylinderachse erforderlich ist.

c) Vektorielle Darstellung in der Periodenuhr

Eine zusammenfassende Darstellung der Amplituden und Phasen des H_φ-Feldes erfolgt wiederum in einer Periodenuhr (Abb. 9). Um die Phasenverschiebung gegenüber dem erregenden Feld auch hier von der rechten Halbachse messen zu können, sind jetzt allerdings, anders als bei der Darstellung des H_ρ-Feldes, positive Werte von C_φ^{sin} nach links und von C_φ^{cos} nach unten aufgetragen (vgl. unter b). Der Übersichtlichkeit halber sind Außen- und Innenraum des Zylinders in getrennten Bildern dargestellt.

Die ausgezogenen Kurven stellen im Innern und Äußeren des Zylinders wieder die Induktionskurven für jeweils feste Werte von R_a dar. Auf ihnen läuft ρ/a als Parameter von 0 bis ∞. Das äußere, induzierende Feld ($R_a = 0$) wird ebenfalls wieder nur durch einen einzigen Punkt auf der rechten Halbachse bei $C_\varphi = 1$ dargestellt, der zugleich das H_φ-Feld bei $\rho/a = \infty$ für sämtliche Werte von R_a beschreibt. Die für jeden Wert von R_a bei Annäherung an den Zylinder zunehmenden Amplituden des H_φ-Feldes, ihre Abnahme im Innern des Zylinders sowie die gleichzeitige Phasendrehung kommen in dieser Darstellung zusammenhängend zum Ausdruck. Der Grenzfall unendlich hoher Leitfähigkeit ($R_a = \infty$) wird beschrieben durch die Strecke auf der rechten Halbachse zwischen $R_\rho = 1$ und $R_\rho = 2$.

Die Induktionskurven für jeweils feste Werte von ρ/a sind in Abb. 9 gestrichelt eingezeichnet, und zwar außerhalb des Zylinders (oberes Teilbild) für $\rho/a = 2; \sqrt{2}; 1$ und innerhalb des Zylinders (unteres Teilbild) für $\rho/a = 1; 0,9; 0,8$ und 0. Sie zeigen, daß die Änderungen des H_φ-Feldes mit wachsendem R_a nach Amplitude und Phase umso größer ist, je kleiner die relative Entfernung ρ/a von der Zylinderachse ist.

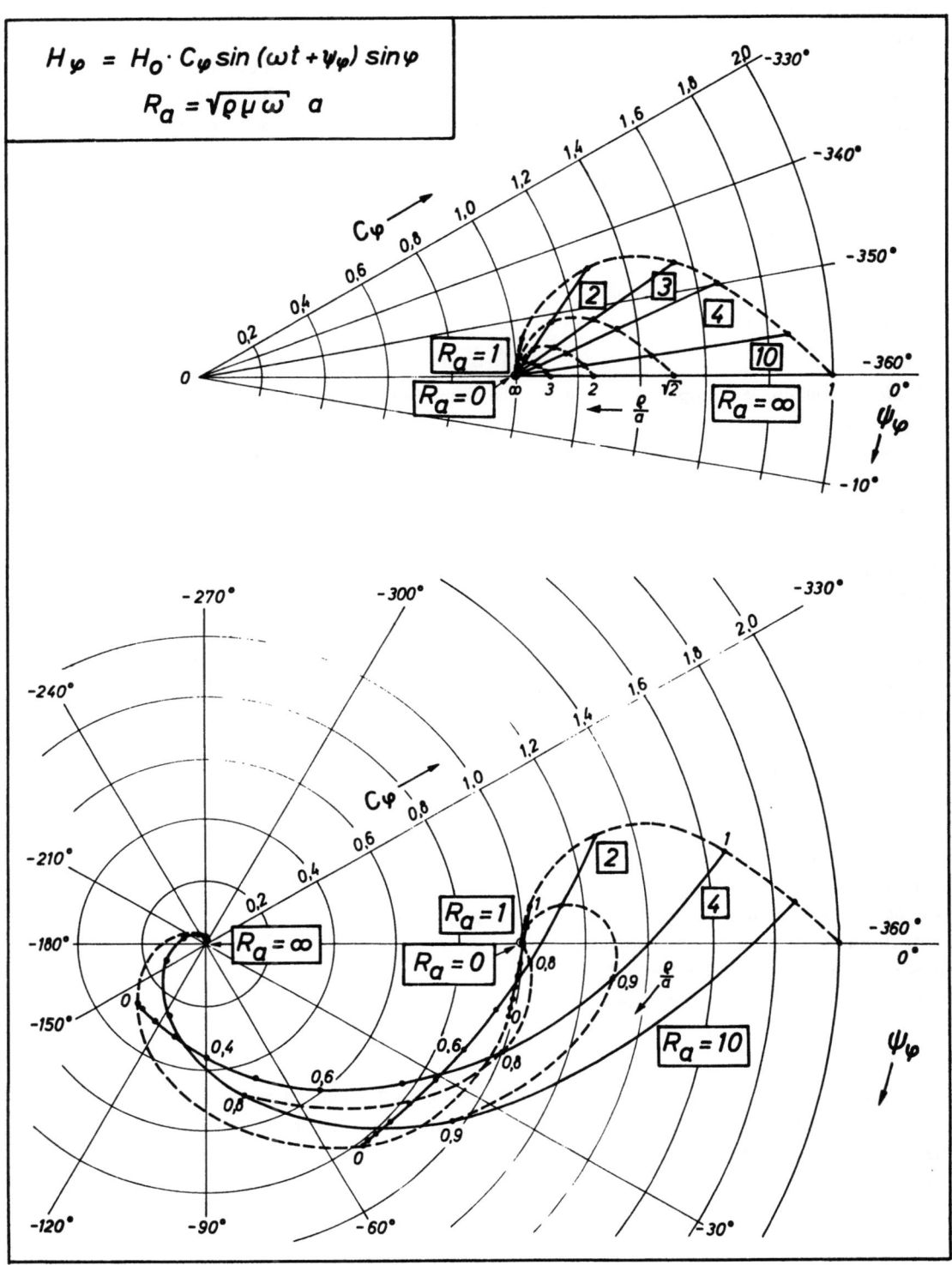

Abb. 9: Periodenuhr für die φ-Komponente des Magnetfeldes bei transversalem induzierenden Feld, außerhalb (oben) und innerhalb (unten) des Zylinders.

Der das H_φ-Feld im Außenraum beschreibende obere Teil der Abb. 9 ist kongruent zu dem entsprechenden Teil der Abb. 5 für die ρ-Komponente. Die Darstellung für den induzierten Anteil des Feldes, beschrieben durch $C_\varphi^{sin} + 1$ und gleiches C_φ^{cos}, erhält man, indem man diesen Teil des Bildes um eine Strecke von der "numerischen Länge" 1 nach links verschiebt. Es entsteht so ein Bild, das punktsymmetrisch ist zu dem Bild des induzierten Anteils der ρ-Komponente (§ 4 c): Das im Außenraum induzierte Feld hat in den Ebenen x = 0 und y = 0 entgegengesetzte Richtungen, aber den gleichen Betrag. Dies ist rein analytisch auch bereits aus den ersten beiden Gleichungen (3. 16) ersichtlich. Eine eingehendere Beschreibung des induzierten Feldes erfolgt im Anschluß an die Betrachtungen zum Gesamtfeld in § 6.

§ 6. Das Gesamtfeld

Durch die ρ- und die φ-Komponente wird das Gesamtfeld jeweils nur in einer speziellen Ebene (y = 0 oder x = 0) veranschaulicht. Im allgemeinen Fall hat das Feld im Innen- und Außenraum des Zylinders sowohl eine ρ- als auch eine φ-Komponente, die aus deren Amplituden- und Phasen-Induktionskurven gemäß (4. 10) und (5. 7), unter Berücksichtigung der entsprechenden Faktoren $\cos\varphi$ und $\sin\varphi$, nach Amplitude und Phase bestimmt werden können.

Die Darstellung des allgemeinen Gesamtfeldes durch Amplituden und Phasen der Komponenten in zwei zueinander senkrechten Richtungen (ρ- und φ-Komponente) ist eine mögliche Form der Darstellung. Eine andere Form ist die Darstellung der Amplituden und Richtungen zweier um 90° phasenverschobener Komponenten (Sinus- und Kosinus-Phase). Dann und nur dann, wenn im ersten Fall die Phasen (mod 180°) und im zweiten Fall die Richtungen (positiv oder negativ) der beiden Komponenten übereinstimmen, ist das Feld linear polarisiert. In jedem anderen Fall ist das Feld elliptisch polarisiert: Der Endpunkt des Feldvektors vollführt während jeder Periode einen Umlauf auf einer Ellipse, der sogenannten Feldellipse.

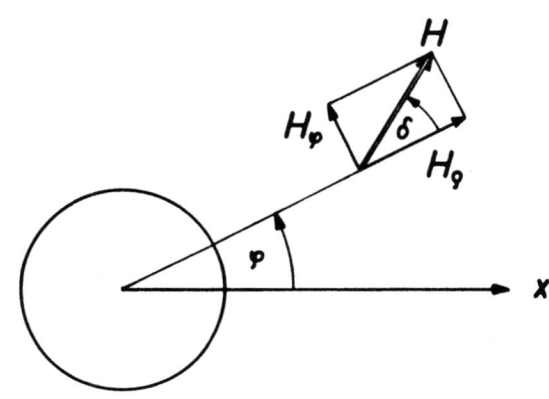

Abb. 10

Die Polarisation des Feldes soll zunächst nach der zweiten der genannten Darstellungsarten untersucht werden. Es wird also geprüft ob die Richtungen der Sinus- und Kosinus-Phasen des Magnetfeldes übereinstimmen. Es sei δ der Winkel zwischen der Richtung des Feldes und der positiven ρ-Richtung (Abb. 10). Dann gelten für die Sinus- und Kosinus-Phasen des Feldes nach (4. 3) und (5. 2) die Beziehungen

$$\delta^{cos} = \arctg \frac{C_\varphi^{cos} \sin\varphi}{C_\rho^{cos} \cos\varphi}, \qquad (1)$$

$$\delta^{sin} = \arctg \frac{C_\varphi^{sin} \sin\varphi}{C_\rho^{sin} \cos\varphi}. \qquad (2)$$

Die ρ- und die φ-Komponente der Kosinus-Phase des Gesamtfeldes sowie des induzierten Feldes stimmen nach (4. 8) und (5. 5) im gesamten Außenraum des Zylinders überein:

$$C_\rho^{cos} = C_\varphi^{cos} \quad ; \quad \rho \geqq a \quad . \tag{3}$$

Da sie beide negativ sind, folgt aus (1)

$$\delta^{cos} = 180° + \varphi \; ; \quad \rho \geqq a \quad . \tag{4}$$

Die Kosinus-Phase des Magnetfeldes des Zylinders ist also gegenüber der x-Achse um insgesamt $180° + 2\varphi$ gedreht.

Die ρ- und die φ-Komponente der Sinus-Phase des induzierten Magnetfeldes werden beschrieben durch $C_\rho^{sin} - 1$ und $C_\varphi^{sin} + 1$. Für sie gilt nach (4. 8) und (5. 5) ebenfalls im gesamten Außenraum des Zylinders

$$C^{sin} - 1 = C^{sin} + 1 \; ; \quad \rho \geqq a \quad , \tag{5}$$

Man erhält bezüglich des induzierten Teils der Sinus-Phase gemäß (2) für δ^{sin} den gleichen Wert wie für δ^{cos}

$$\delta^{sin} = 180° + \varphi \; ; \quad \rho \geqq a \quad . \tag{6}$$

Die entsprechenden Induktionsfunktionen für die Sinus-Phasen des Gesamtfeldes, C_ρ^{sin} und C_φ^{sin}, stimmen auch für $\rho \geqq a$ im allgemeinen nicht überein, außer für $R_a = 0$ und $R_a = \infty$. Der nach (2) berechnete Winkel δ^{sin} nimmt dann einen von δ^{cos} verschiedenen Wert an.

Der induzierte Teil des Magnetfeldes ist nach diesen Betrachtungen überall außerhalb des Zylinders linear polarisiert, das Gesamtfeld hingegen im allgemeinen elliptisch polarisiert. Im Innern des Zylinders gelten verwickeltere Beziehungen der Induktionsfunktionen untereinander (vgl. S. 38), so daß sich nach (1) und (2) kein einfacher Zusammenhang zwischen δ^{cos} und δ^{sin} ergibt. Das Magnetfeld ist auch dort im allgemeinen elliptisch polarisiert. Die gesonderte Betrachtung eines induzierten Anteils ist zudem im Innern des Zylinders nicht sinnvoll.

Durch vektorielle Addition der einzelnen Sinus- und Kosinus-Komponenten $C_\rho^{sin} \cdot \cos\varphi$, $C_\varphi^{sin} \cdot \sin\varphi$ und $C_\rho^{cos} \cdot \cos\varphi$, $C_\varphi^{cos} \cdot \sin\varphi$ erhält man die Sinus- und Kosinus-Phasen C^{sin} und C^{cos} des Gesamtfeldes, genauer des dem Betrage nach durch H_o dividierten Magnetfeldes:

$$\frac{H}{H_o} = C^{cos} \cos\omega t + C^{sin} \sin\omega t \quad . \tag{7}$$

Sie bilden jeweils ein Paar konjugierter Durchmesser der Feldellipsen, die in Abb. 11 und 12 für einige feste Werte von R_a an verschiedenen Orten außerhalb und innerhalb des Zylinders dargestellt sind. Die räumliche Verteilung der Feldellipsen ist dabei in jedem Fall symmetrisch zur Horizontalebene $y = 0$ und antimetrisch zur Vertikalebene $x = 0$. Im Innenraum des Zylinders (Abb. 12) wurde deshalb die Darstellung auf den ersten Quadranten von φ beschränkt. Die Abb. 11 zeigt anschaulich, daß die am stärksten elliptische Polarisation des Magnetfeldes im Bereich mittlerer Werte von R_a (hier bei $R_a = 2$) besteht.

Wenn man das Magnetfeld nach der ersten der oben genannten Darstellungsarten untersucht, so erhält man ebenfalls nur für den induzierten Teil des Feldes außerhalb des Zylinders nach (4. 12) mit (4. 8)

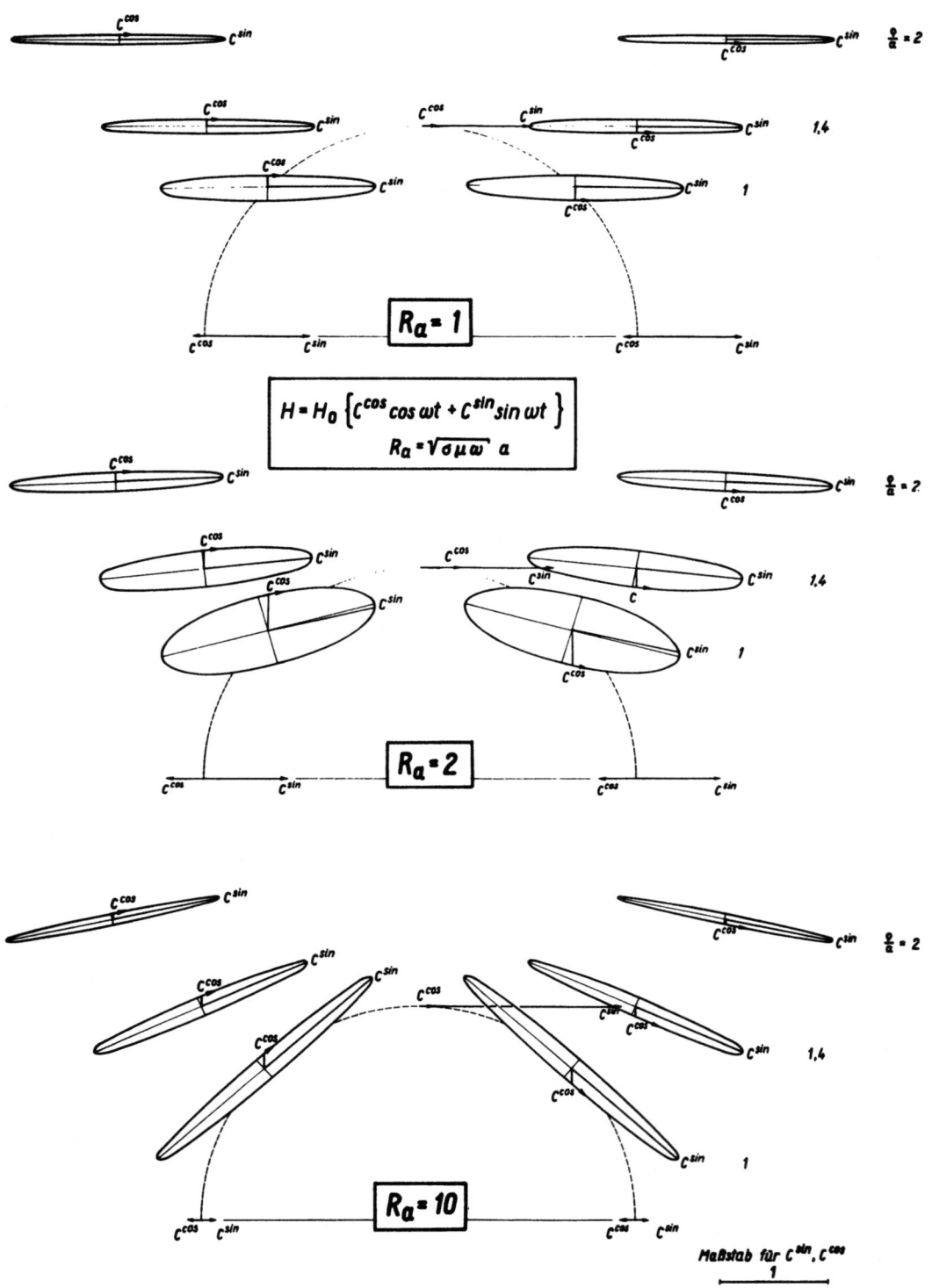

Abb. 11: Feldellipsen des Magnetfeldes eines homogenen Zylinders im transversalen Wechselfeld außerhalb des Zylinders. Die gesamte Feldverteilung ist symmetrisch zur Horizontalebene (y = 0) und antimetrisch zur Vertikalebene (x = 0). Der Zylindermantel ist jeweils gestrichelt eingezeichnet.

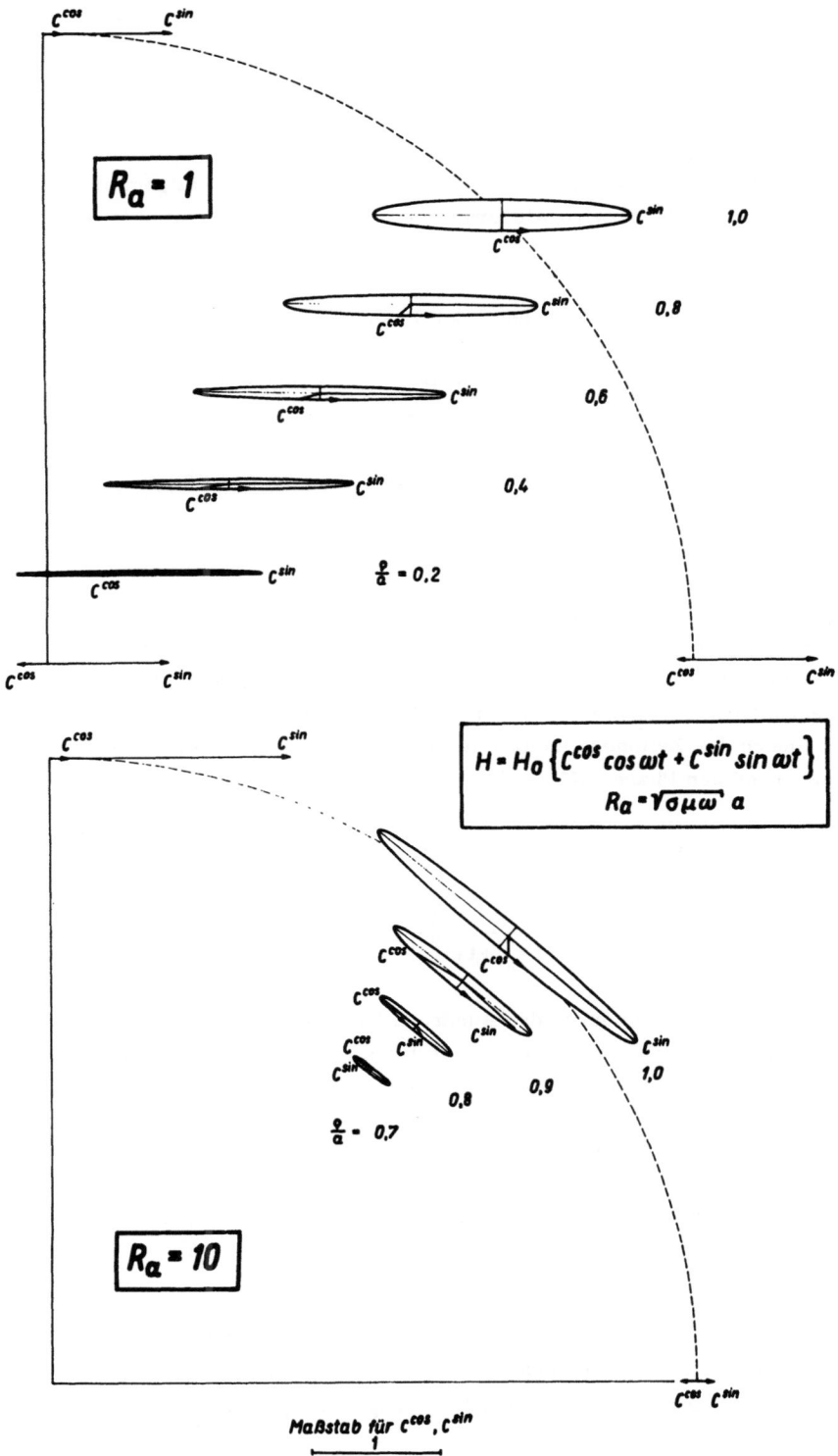

Abb. 12: Feldellipsen des Magnetfeldes eines homogenen Zylinders im transversalen Wechselfeld innerhalb des Zylinders. Die Feldellipsen sind im gleichen Maßstab dargestellt wie in Abb. 11. Der Maßstab für die linearen Entfernungen ist gegenüber dem in Abb. 11 um den Faktor 2,5 vergrößert.

§ 6
— 28 —

bzw. (5. 10) mit (5. 5) die gleiche Phase für die ρ- und die φ-Komponente:

$$\psi_\rho^J = \psi_\varphi^J = \psi_1 = \text{arc tg } \frac{\text{ber}(R_a)\,\text{bei}_2(R_a) - \text{bei}(R_a)\,\text{ber}_2(R_a)}{\text{ber}(R_a)\,\text{ber}_2(R_a) + \text{bei}(R_a)\,\text{bei}_2(R_a)}\,; \quad \rho \geqq a \quad . \tag{7}$$

Für das Gesamtfeld im Innen- und Außenraum des Zylinders erhält man im allgemeinen verschiedene Werte von ψ_ρ und ψ_φ. Auch hierdurch wird wiederum die elliptische Polarisation des Feldes gekennzeichnet.

Die Gleichung (7) besagt neben der Gleichheit der Phasen ψ_ρ und ψ_φ für das induzierte Magnetfeld weiter, daß beide Werte im gesamten Außenraum des Zylinders bei festem R_a **konstant** sind. Der lineare Verlauf der Induktionskurven in der Periodenuhr für die Feldkomponenten außerhalb des Zylinders (Abb. 5 und 9) hängt mit dieser räumlich konstanten Phase des induzierten Feldanteils zusammen.

Die für das induzierte Feld im Außenraum des Zylinders aus (1) und (2) folgende Richtungsabhängigkeit,

$$\text{tg } \delta = \text{tg } \varphi \,; \quad \rho \geqq a \,, \tag{8}$$

seine dort durchweg konstante Phase ψ_1 und die nach (4. 8) und (5. 5) wie $1/\rho^2$ erfolgende Amplitudenabnahme mit wachsendem ρ sind die Kennzeichen eines zweidimensionalen magnetischen Dipols in x-Richtung, der am Ort der Zylinderachse gelegen ist. Das gesamte Magnetfeld außerhalb des Zylinders läßt sich demnach beschreiben durch die Überlagerung des äußeren, induzierenden Feldes mit dem Feld eines derartigen, im Innern des Zylinders induzierten Dipols, der parallel zum induzierenden Feld mit der gleichen Frequenz ω und der Phasendifferenz ψ_1 oszilliert. Das Moment des induzierten Dipols ist dabei

$$M_1 = 2\pi\mu a^2 \cdot V_1 \cdot H_0 \,, \tag{9}$$

mit
$$V_1 = \sqrt{\frac{\text{ber}_2^2(R_a) + \text{bei}_2^2(R_a)}{\text{ber}^2(R_a) + \text{bei}^2(R_a)}} \,. \tag{10}$$

Seine Phasendifferenz ψ_1 ist gegeben durch den Ausdruck (7). Amplituden- und Phasen-Induktionskurven V_1 und ψ_1 für das induzierte zweidimensionale Dipolfeld (Abb. 13) [*] sind bereits von BUCHHEIM [3] und von KERTZ [9] gegeben worden, bei letzterem jedoch bezogen auf einen Dipol in entgegengesetzter Richtung wie das äußere, induzierende Feld. Dementsprechend ist die Skala für die Phase ψ_1 in Abb. 13 gegenüber derjenigen bei KERTZ ([9] Abb. 3) um 180° verschoben. KERTZ hat ebenfalls bereits gezeigt, daß im allgemeinen Falle eines beliebigen $\varepsilon_m \neq 0$ (vgl. § 3) das Gesamtfeld im Außenraum beschrieben werden kann durch die Überlagerung des induzierenden Feldes mit dem Feld eines induzierten Multipoles (2 m - Poles).

---

[*] Die Kurven in Abb. 13 wurden für $R_a \leqq 10$ direkt berechnet aus den tabellierten Werten der Kelvin-Funktionen nullter und zweiter Ordnung ([8] und [17]), für größere Werte von R_a mit Hilfe von Näherungsformeln, die aus der asymptotischen Entwicklung von $J_n(\sqrt{-i}\,R_a)$ ([12], S. 151) abgeleitet wurden:

$$V_1 = \sqrt{\frac{p^2 - 30p + 450}{p^2 + 2p + 2}} \,,$$

$$\psi_1 = \text{arc tg } \frac{16p}{p^2 - 14p - 30} \qquad \text{(für große positive } R_a\text{)}$$

mit $\qquad p = 8\sqrt{2}\,R_a$.

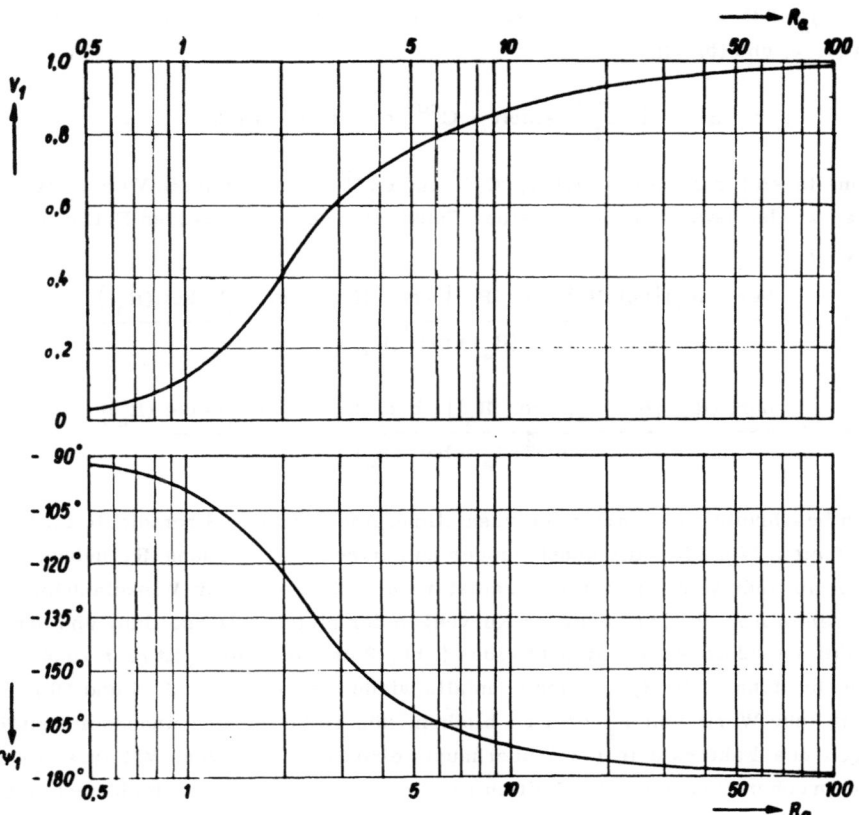

Abb. 13: Amplituden- (oben) und Phasen- (unten) Induktionskurven für das induzierte zweidimensionale Dipolfeld außerhalb des Zylinders bei transversalem induzierenden Magnetfeld (nach KERTZ [9]).

§ 7. Die Stromverteilung im Innern des Zylinders

a) Die Induktionsfunktionen der Stromdichte

Induzierte Ströme können, da außerhalb des Zylinders die Leitfähigkeit verschwindet, nur im Innern des Zylinders fließen. Da ihre z-Komponente nach (3.3) die einzige nicht verschwindende Komponente ist, fließen sie sämtlich parallel zur Zylinderachse. Unter Zugrundelegung des Ohmschen Gesetzes folgt nach (3.15) mit (3.23) für die Stromdichte j_z

$$j_z = \sigma E_z = -i\sigma\mu\omega \sum_{m=1}^{\infty} \frac{2\,m\,a^{m-1}\,J_m(\sqrt{-i}\,\alpha\rho)}{\sqrt{-i}\,\alpha\,J_{m-1}(\sqrt{-i}\,\alpha a)}\,\mathcal{E}_m\,\sin(m\varphi + \gamma_m)\quad . \qquad (1)$$

Bei einem homogenen Magnetfeld der Gestalt (3.25) in x-Richtung als äußeres, induzierendes Feld ergibt sich aus (1), unter Berücksichtigung von $\sigma\mu\omega = \alpha^2$,

$$j_z = \alpha H_o\,\frac{2\sqrt{-i}\,J_1(\sqrt{-i}\,\alpha\rho)}{J_o(\sqrt{-i}\,\alpha a)}\,\sin\varphi \qquad . \qquad (2)$$

Es ist dies die Lösung für die Stromdichte j_z in komplexer Form. Reelle Lösung für sinusförmige Erregung ist der Imaginärteil des komplexen Ausdrucks (2). Dabei ist wiederum der Faktor $e^{i\omega t}$ für die harmonische Zeitabhängigkeit bei der Trennung in Real- und Imaginärteil mit zu berücksichtigen. Die reelle Lösung für j_z läßt sich darstellen in einer ähnlichen Form wie die ρ- und die φ-Komponente des Magnetfeldes in (4.3) und (5.2):

$$j_z = \alpha H_o \left\{ C_j^{sin} \sin\omega t + C_j^{cos} \cos\omega t \right\} \sin\varphi \quad . \tag{3}$$

Die Induktionsfunktionen für die Stromdichte, C_j^{sin} und C_j^{cos}, sind für feste Werte des numerischen Radius $R_a = \sqrt{\sigma\mu\omega}\, a$ wieder jeweils dimensionslose Funktionen der numerischen Entfernung $R_\rho = \sqrt{\sigma\mu\omega}\,\rho$. Sie lauten nach (2)

$$C_j^{sin} = \sqrt{2}\, \frac{ber_1(R_\rho)[bei(R_a) - ber(R_a)] - bei_1(R_\rho)[bei(R_a) + ber(R_a)]}{ber^2(R_a) + bei^2(R_a)} \quad , \tag{4}$$

$$C_j^{cos} = \sqrt{2}\, \frac{ber_1(R_\rho)[bei(R_a) + ber(R_a)] + bei_1(R_\rho)[bei(R_a) - ber(R_a)]}{ber^2(R_a) + bei^2(R_a)} \quad . \tag{5}$$

Beide Funktionen beschreiben zusammen die zusätzliche Änderung der Stromdichte im Innern des Zylinders bei jeweils festem Wert R_a mit zunehmender numerischer Entfernung R_ρ neben der linearen Abhängigkeit ihrer Amplitude vom Konstantenparameter $\alpha = \sqrt{\sigma\mu\omega}$ und der Winkelabhängigkeit mit $\sin\varphi$. Sie sind aufgetragen in Abb. 14 (ausgezogene Kurven) in der gleichen Darstellung und dem gleichen Maßstab wie die Induktionsfunktionen des Magnetfeldes (Abb. 2 und 6). Dabei gilt hier zunächst die linksseitige Ordinatenbeschriftung. Für R_a wurden ebenfalls wieder die Werte 1, 2, 4 und 10 gewählt. Da C_j^{sin} und C_j^{cos} für sämtliche Werte von R_a endlich bleiben, können bei verschwindender Leitfähigkeit σ oder Frequenz ω wegen des Faktors α in (3) überhaupt keine Ströme fließen. Mit zunehmender Größe von α und R_a, entsprechend zunehmender Leitfähigkeit oder Frequenz, verschiebt sich das gesamte Stromfeld in die Nähe der Oberfläche des Zylinders, wo die Amplituden gleichzeitig immer stärker anwachsen (Skineffekt der Induktionsströme). Im Grenzfall unendlich hohen Wertes von σ oder ω ($\alpha = \infty$) werden Sinus- und Kosinus-Phase der Stromdichte auf dem Zylindermantel nach (3) selbst unendlich groß, während das Innere des Zylinders stromlos bleibt. Der Zylinder zeigt in diesem Falle Eigenschaften eines Supraleiters. Erforderlich zu solchem Verhalten ist allerdings, daß C_j^{sin} und C_j^{cos} mit wachsendem Radius von höherer als der ersten Ordnung verschwinden, stärker also, als der Faktor α in (3) unendlich wird. Dies konnte jedoch in dem untersuchten Bereich von R_a nicht nachgeprüft werden.

Der Grenzwert der Stromdichte auf dem Zylindermantel bei unendlicher Zunahme des Radius a ($R_a = \infty$) ist, wenn α endlich bleibt, ebenfalls endlich. Er wird beschrieben durch die zugehörigen Grenzwerte der Induktionsfunktionen, die berechnet wurden aus den asymptotischen Darstellungen der Kelvin-Funktionen ([12] S. 209) und die beide vom gleichen Betrage sind:

$$\lim_{R_a \to \infty} C_j^{sin} = \lim_{R_a \to \infty} C_j^{cos} = -\sqrt{2} \quad . \tag{6}$$

b) Getrennte Darstellung der Amplituden und Phasen

Eine gesonderte Betrachtung der Amplituden und Phasen der Induktionsströme ist wieder möglich aus einer Darstellungsform heraus, die derjenigen von (4.10) und (5.7) für die ρ- und die φ-Komponente des Magnetfeldes entspricht:

$$j_z = \alpha H_o \cdot C_j \sin(\omega t + \psi_j) \cdot \sin\varphi \tag{7}$$

mit
$$C_j = \sqrt{(C_j^{sin})^2 + (C_j^{cos})^2} \tag{8}$$

und
$$\psi_j = \arctan \frac{C_j^{cos}}{C_j^{sin}} \quad . \tag{9}$$

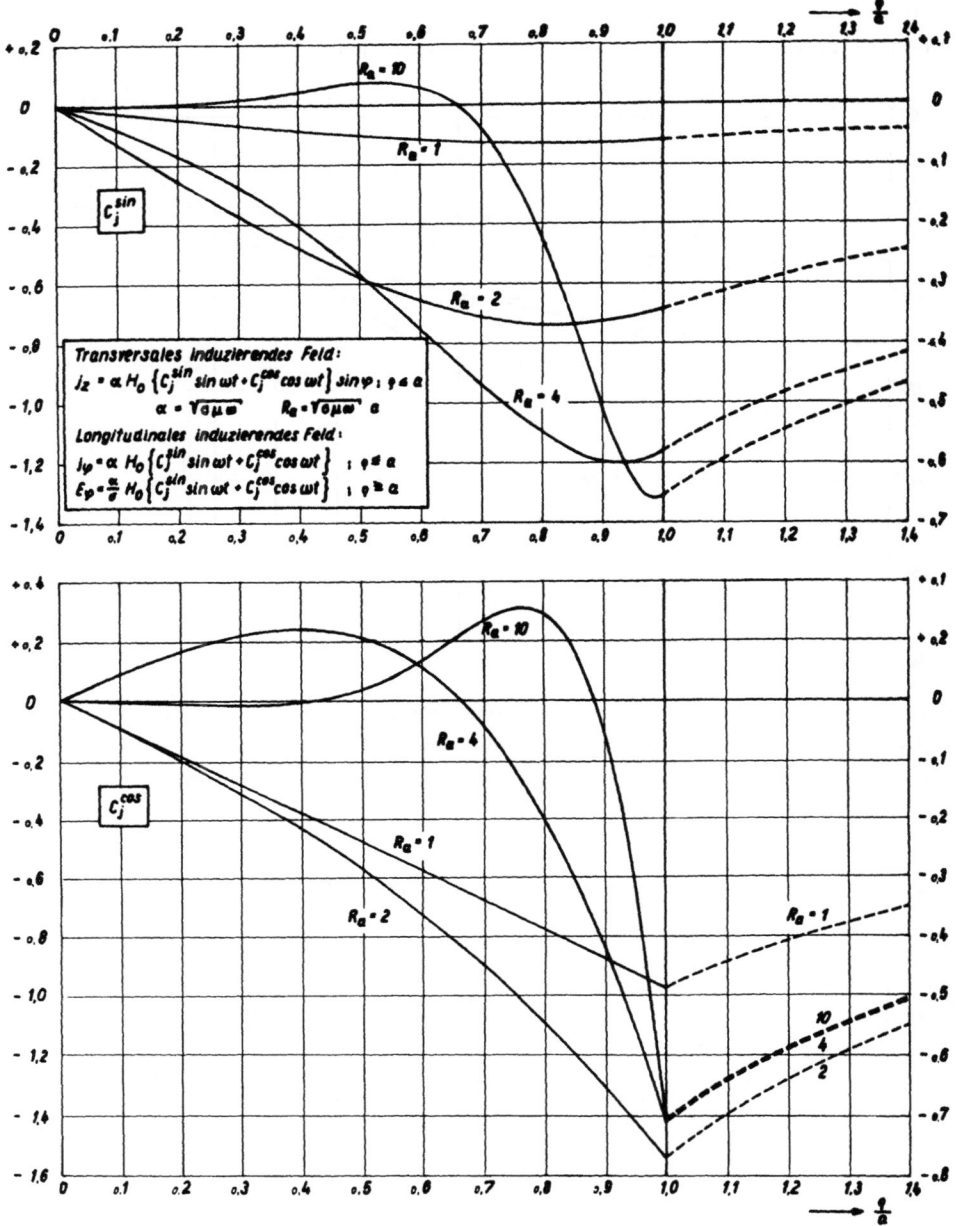

Abb. 14: Induktionsfunktionen für die Stromdichte im Innern des Zylinders bei transversalem induzierenden Magnetfeld (linker Ordinatenmaßstab) sowie für die Stromdichte innerhalb und das elektrische Feld außerhalb des Zylinders (gestrichelte Kurven) bei longitudinalem induzierenden Magnetfeld (rechter Ordinatenmaßstab).

Die Amplituden-Induktionswerte C_j stellen die relativen Amplituden der Induktionsströme dar, unter Berücksichtigung des Faktors $\sin\varphi$ für die Winkelabhängigkeit,

$$C_j = \frac{|j_z|}{|\alpha H_o \sin\varphi|} \qquad (10)$$

Bei der Darstellung der Amplituden der Stromdichte durch C_j ist also aus den wahren Amplituden neben dem äußeren, induzierenden Feld H_o und der Winkelabhängigkeit mit $\sin\varphi$ auch die Proportionalität zum Konstantenparameter α eliminiert.

Die Werte ψ_j stellen die Phasendifferenz der Induktionsströme gegenüber dem induzierenden Feld dar. Phasen- und Amplituden-Induktionskurven sind aufgetragen in Abb. 15 und 16 (ausgezogene Kurven).

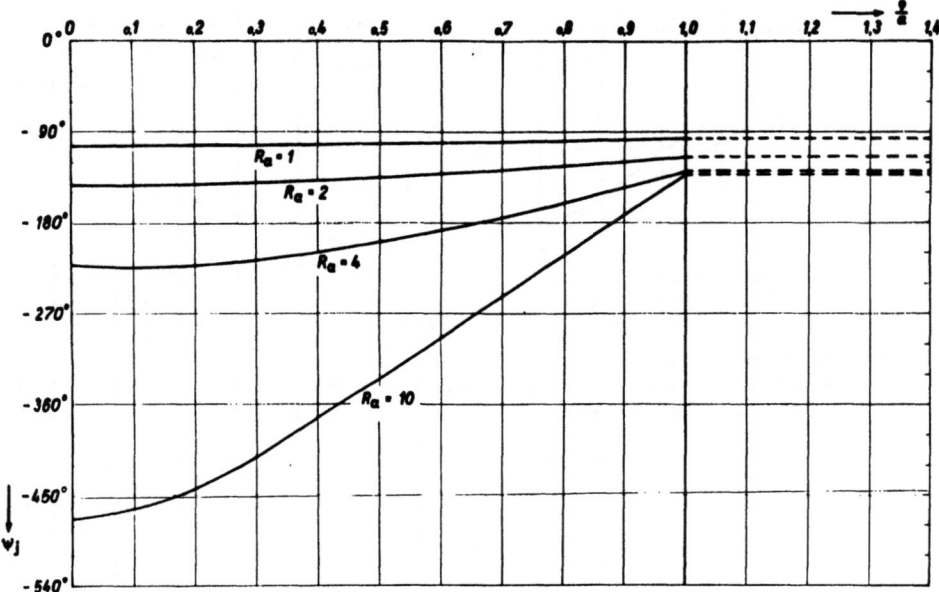

Abb. 15: Phasen-Induktionskurven für die Induktionsströme im Innern des Zylinders bei transversalem und bei longitudinalem induzierenden Magnetfeld (ausgezogene Kurven) sowie für das elektrische Feld im Außenraum bei longitudinalem induzierenden Magnetfeld (gestrichelte Kurven).

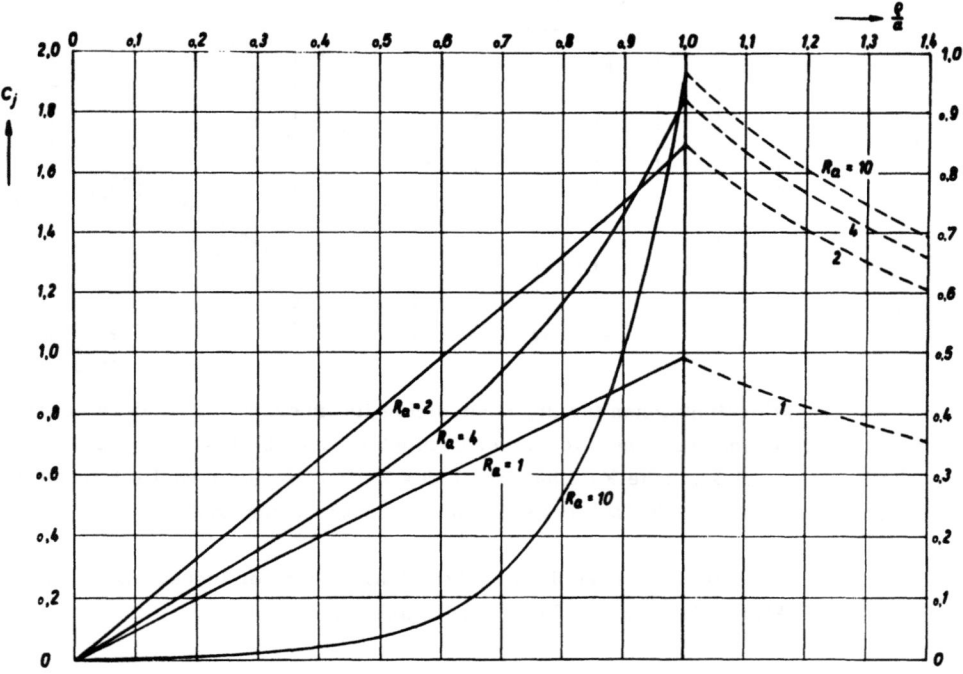

Abb. 16: Amplituden-Induktionskurven für die Induktionsströme im Innern des Zylinders bei transversalem induzierenden Magnetfeld (linker Ordinatenmaßstab) sowie für die Induktionsströme innerhalb und das elektrische Feld außerhalb des Zylinders (gestrichelte Kurven) bei longitudinalem induzierenden Magnetfeld (rechter Ordinatenmaßstab).

Für die nach (9) mehrdeutige Phase ψ_j wurde der Bereich $\psi_j \leq -90°$ gewählt, wie es für induzierte Ströme sinnvoll ist. Die Phasen-Induktionskurven in Abb. 15 zeigen eine mit wachsendem R_a zunehmende stetige Phasenverzögerung der Induktionsströme von der Oberfläche des Zylinders bis zu seiner Achse. Absolut gesehen sind natürlich die Phasen von Strömen, die sich um ein ganzes Vielfaches von 360° unterscheiden, einander gleich. Die Phasendifferenz der Flächenströme auf dem Zylindermantel gegenüber dem induzierenden Feld beträgt im Grenzfall $R_a = \infty$ nach (6) -135°.

Ein anschauliches Bild von dem Eindringen der "Stromwellen" in den leitenden Zylinder gewinnt man durch die Betrachtung der Linien gleicher Phasen der Induktionsströme. Da die Phasen nach (9) von φ unabhängig und die Induktionsströme selbst nach (7) beiderseits der Ebene y = 0 von gleichem Betrag, aber entgegengesetzter Richtung sind, ergibt sich insgesamt ein rotationssymmetrisches Eindringen der "Stromwellen" mit zylinderförmigen "Wellenfronten" und zur Ebene y = 0 antimetrischen Richtungen (Abb. 17).

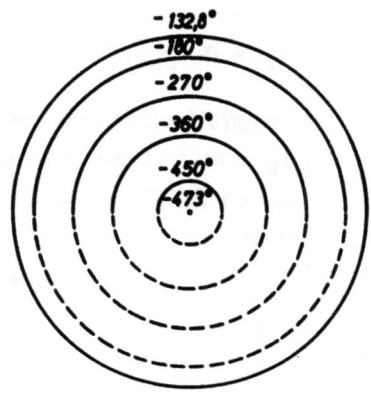

Die Amplituden-Induktionskurven (Abb. 16, linker Ordinatenmaßstab) zeigen für alle Werte von R_a eine Abnahme der Amplituden der Induktionsströme mit wachsender Tiefe im Zylinder. Während jedoch im gesamten Innern die Amplituden mit wachsendem R_a bei kleinen Werten von R_a zunächst ansteigen, nehmen sie bei größeren Werten von R_a wieder ab. Der Skineffekt der Induktionsströme kommt in dieser Darstellung besonders deutlich zum Ausdruck. Der Grenzfall $R_a \to \infty$, bei dem nur auf dem Zylindermantel Ströme fließen, wird nach (6) beschrieben durch $C_\rho = +2$. Die Stromamplitude wird in diesem Fall für unendlich hohe Werte der Leitfähigkeit und der Frequenz ($\alpha \to \infty$) selbst unendlich, bleibt hingegen endlich, wenn nur der Zylinderradius a über alle Grenzen wächst. Die Achse des Zylinders ist in jedem Fall stromlos.

Abb. 17: Linien gleicher Phase der Induktionsströme im homogenen Zylinder bei transversalem induzierenden Magnetfeld für $R_a = 10$.

In Abb. 17 hat eine Betrachtung der Linien gleicher Phase Aufschluß gegeben über die zeitliche Änderung des Stromfeldes. Eine analoge Betrachtung der Linien gleicher Amplituden veranschaulicht die räumliche Verteilung der Induktionsströme nach ihren Beträgen (Abb. 18). Dabei braucht jedoch nur der

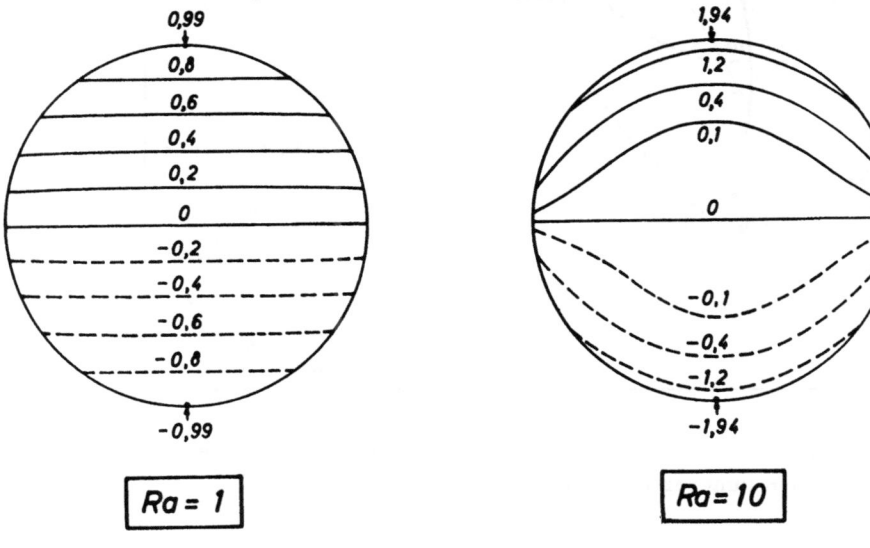

Abb. 18: Linien gleicher Amplituden der Induktionsströme im homogenen Zylinder bei transversalem induzierenden Magnetfeld. Angegeben sind jeweils Werte von

$C_j \cdot \sin\varphi$.

ortsabhängige Teil der Amplitude berücksichtigt zu werden. Auf den in Abb. 18 eingezeichneten Linien ist jeweils das Produkt $C_j \cdot \sin\varphi$ konstant. Die wahren Amplituden ergeben sich hieraus durch Multiplikation mit dem für das gesamte Bild konstanten Faktor αH_o. Die beiderseits der Ebene $y = 0$ entgegengesetzten Richtungen der Induktionsströme sind wie in Abb. 17 durch gestrichelt gezeichnete Linien in der unteren Hälfte des Bildes angedeutet. Maximale Stromdichte herrscht in jedem Fall am Zylindermantel bei $\varphi = 90°$ und $\varphi = 270°$.

c) Vektorielle Darstellung in der Periodenuhr

Eine zusammenfassende Darstellung von Amplitude und Phase der Induktionsströme kann wieder in vektorieller Form in einer Periodenuhr erfolgen. Trägt man $C_j^{\sin}$ nach rechts und $C_j^{\cos}$ nach oben auf, so kann die Phasendifferenz ψ_j wiederum von der rechten Halbachse gemessen werden (Abb. 19).

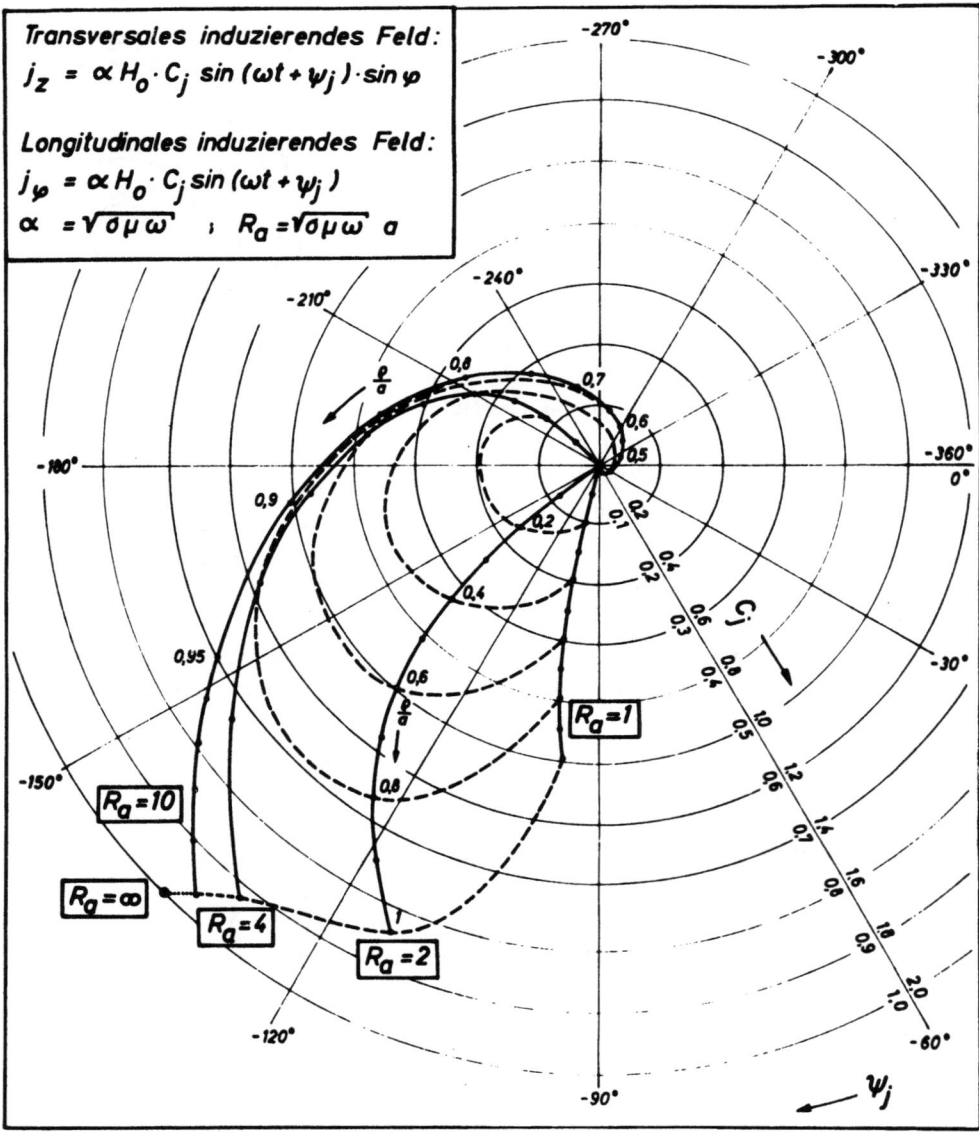

Abb. 19: Periodenuhr für die Induktionsströme im homogenen Zylinder bei transversalem (oberer Maßstab für C_j) und bei longitudinalem (unterer Maßstab) induzierenden Magnetfeld.

Für C_j gilt zunächst nur der obere Maßstab (0.... 2,0). Die ausgezogenen Kurven stellen die Induktionskurven der Stromdichte für jeweils feste Werte von R_a dar und veranschaulichen Amplitudenabnahme und Phasendrehung mit zunehmender Tiefe im Zylinder. Eine ähnliche vektorielle Darstellung der Induktionsströme ist ebenfalls bereits von KERTZ ([9] S. 19) gegeben worden. Dabei wird jedoch die mit dem Zylinderradius a multiplizierte Stromdichte betrachtet und der Faktor $\alpha a = R_a$ mit in die Amplituden-Induktionswerte einbezogen. Ferner tritt infolge der Benutzung von konservativen Einheiten (4π-haltigen Grundgleichungen) ein weiterer Faktor 4π im Nenner der Lösung auf, so daß die dort aufgetragenen Amplituden insgesamt um den Faktor $R_a/4\pi$ gegenüber denen in Abb. 19 geändert erscheinen. Die hier gegebene Definition der Induktionsfunktionen für die Stromdichte erlaubt ebenfalls die Darstellung des Stromfeldes im oberflächennahen Bereich des Zylinders bei sehr großen numerischen Radien R_a.

Die gestrichelten Linien sind die Induktionskurven für jeweils feste Werte ρ/a. Sie veranschaulichen in dieser Darstellung den mit zunehmendem R_a anfänglich wachsenden Einfluß des Zylinders und den anschließend überwiegenden Skineffekt. Bei zunehmender Leitfähigkeit oder Frequenz ist jedoch auch hier für die wahre Stromamplitude noch der Konstantenparameter α gemäß (7) zu berücksichtigen. Die Diskrepanz zwischen der konstanten Phase $-135°$ der Induktionsströme auf dem Zylindermantel für $R_a \to \infty$ und der Phasendifferenz von $-180°$ des entsprechenden induzierten Magnetfeldes im Außenraum (Abb. 13) ist erklärlich durch die auch für $R_a \to \infty$ in jedem Fall stetig erfolgende Abnahme der Stromdichte von der Oberfläche des Zylinders nach innen, bei gleichzeitig immer stärker werdender Phasendrehung (vgl. Abb. 15).

III. Longitudinales induzierendes Magnetfeld

§ 8. Spezielle Lösung für das elektrische Vektorpotential $\mathcal{F}$

Das in diesem Kapitel behandelte Modell des leitenden Mediums ist wiederum der unendlich lange homogene Zylinder in Abb. 1. Das äußere, induzierende Magnetfeld ist jetzt jedoch longitudinal zum Zylinder, d.h. parallel zur Zylinderachse gerichtet. Bei der Beschränkung auf zwei Dimensionen sind sämtliche vorkommenden Feldgrößen ebenfalls wieder unabhängig von z. Da das induzierende Feld am Ort des Zylinders wirbelfrei sein soll, kommt hier lediglich ein homogenes Magnetfeld in Frage. Seine Amplitude wird wiederum mit H_o bezeichnet. Ein solches Feld kann im Innern des Zylinders nur ringförmige Ströme in Ebenen z = const induzieren, deren Magnetfeld selbst wieder parallel zur Achse gerichtet ist. Es ist deshalb zweckmäßig, zur Berechnung des gesamten Magnetfeldes dieses durch ein elektrisches Vektorpotential $\mathcal{F}$ zu beschreiben, das in dem vorliegenden Fall nach (2.4) ebenfalls nur eine z-Komponente besitzt und infolge der Rotationssymmetrie des Problems nur von ρ abhängt.

$$F_\rho = F_\varphi = 0 \quad ; \quad F_z = F(\rho) \quad . \tag{1}$$

Magnetisches und elektrisches Gesamtfeld lassen sich nach (2.3) und (2.4) in ihren Komponenten durch F ausdrücken, das im folgenden, wie in Kap. II das magnetische Vektorpotential A, als skalare Größe behandelt werden kann[*]:

$$\left. \begin{array}{l} H_\rho = H_\varphi = 0 \\ H_z = -\sigma F \end{array} \right\} \quad (2) \quad , \quad \left. \begin{array}{l} E_\rho = E_z = 0 \\ E_\varphi = \dfrac{\partial F}{\partial \rho} \end{array} \right\} \quad . \quad (3)$$

---

[*] Unter σ ist zunächst in Gleichung (2) die Leitfähigkeit allgemein, anschließend jedoch wieder speziell die Leitfähigkeit des Zylinders ($\rho \leq a$) zu verstehen.

An Orten mit verschwindender Leitfähigkeit ($\sigma = 0$) ist das gesamte Magnetfeld nach (2.2) wirbelfrei. Im Außenraum des Zylinders kommt deshalb für das Gesamtfeld wiederum nur ein homogenes Feld in Frage. Es ist identisch mit dem induzierenden Feld H_o. So wie bei einer dicht gewickelten, unendlich langen Spule, die von Strom durchflossen wird, im Außenraum überhaupt kein Magnetfeld existiert, bewirken auch die im Innern des leitenden Zylinders induzierten Ströme nach außen hin keinerlei Änderung des gesamten Magnetfeldes gegenüber dem induzierenden Feld: Das homogene Feld H_o besteht bis zur Oberfläche des Zylinders. Allerdings kann im Außenraum des Zylinders (Vakuum) das Magnetfeld wegen des Faktors σ in (2) nicht durch das elektrische Vektorpotential F ausgedrückt werden. Die Darstellung (2) für H_z gilt nur im Innern des Zylinders.

Das elektrische Vektorpotential F wird wie das magnetische Vektorpotential A (§ 3) für den Innen- und Außenraum des Zylinders aus je einer Differentialgleichung bestimmt, die nach (2.7) im quasi-stationären Fall wiederum von einer der Formen ist

$$\Delta F = \begin{cases} i\sigma\mu\omega F = i\alpha^2 F & ; \quad \rho \leq a \\ 0 & ; \quad \rho > a \end{cases} \qquad (4)$$

Da F jedoch nur eine Funktion von ρ ist, stellen beide Gleichungen (4) in diesem Falle von vornherein gewöhnliche Differentialgleichungen dar:

$$\frac{d^2F}{d\rho^2} + \frac{1}{\rho}\frac{dF}{d\rho} = \begin{cases} i\alpha^2 F & ; \quad \rho \leq a \\ 0 & ; \quad \rho > a \end{cases} \qquad (5)$$

Sie entsprechen den Gleichungen (3.5) und (3.11) für $m = 0$. Ihre Lösungen sind

$$F = C_o J_o(\sqrt{-i}\alpha\rho) \quad ; \quad \rho \leq a \qquad (6)$$

für den Innenraum des Zylinders und

$$F = \mathcal{E}_o + \mathcal{J}_o \ln\rho \quad ; \quad \rho > a \qquad (7)$$

für den Außenraum. C_o, $\mathcal{E}_o$ und $\mathcal{J}_o$ sind willkürliche Konstanten. Dabei ist $\mathcal{E}_o$ zwar im gesamten Raum regulär (wie das äußere, induzierende Feld), für die Berechnung des elektrischen Feldes im Außenraum jedoch nach (3) belanglos weil es bei der Bildung der Ableitung herausfällt. Ein elektrisches Vektorpotential für das induzierende homogene Feld läßt sich, wie nach den obigen Ausführungen auch plausibel ist, nicht eindeutig bestimmen. Die Konstante $\mathcal{E}_o$ wird deshalb im folgenden jeweils fortgelassen. Das zweite Glied in (7) beschreibt ein elektrisches Feld, das überall außerhalb des Zylinders regulär ist, dessen Ursprung also im Innern des Zylinders liegt. Es ist das elektrische Feld, das durch das Magnetfeld der dort induzierten elektrischen Ströme selbst wieder im Außenraum induziert wird.

Die Bestimmung der Konstanten C_o und $\mathcal{J}_o$ erfolgt durch die Grenzbedingungen an der Oberfläche des Zylinders. Sie erfordern den stetigen Übergang der tangentialen Komponenten des elektrischen und des magnetischen Feldes, im vorliegenden Fall also aller nicht verschwindender Feldkomponenten. Diese lauten nach (2) und (3) mit (6) und (7) sowie den Bemerkungen über H_z bei $\rho > a$ innerhalb und außerhalb des Zylinders

$$\left.\begin{aligned} H_z &= -\sigma C_o J_o(\sqrt{-i}\alpha\rho) \\ E_\varphi &= -C_o \sqrt{-i}\alpha\, J_1(\sqrt{-i}\alpha\rho) \end{aligned}\right\} \quad \rho \leq a \quad , \qquad (8)$$

$$\left.\begin{array}{l} H_z = H_o \\ E_\varphi = \mathcal{J}_o \, \rho^{-1} \end{array}\right\} \quad \rho \geqq a \quad . \qquad (9)$$

Die Grenzbedingungen bei $\rho = a$ ergeben für C_o und $\mathcal{J}_o$ die beiden Bestimmungsgleichungen

$$-\sigma \, C_o \, J_o \, (\sqrt{-i}\,\alpha\,a) = H_o \quad , \qquad (10)$$

$$- C_o \, \sqrt{-i}\,\alpha \, J_1 \, (\sqrt{-i}\,\alpha\,a) = \mathcal{J}_o \, a^{-1} \quad . \qquad (11)$$

Aus ihnen erhält man

$$C_o = - \frac{H_o}{\sigma \, J_o \, (\sqrt{-i}\,\alpha\,a)} \quad , \qquad (12)$$

und

$$\mathcal{J}_o = H_o \, \frac{\sqrt{-i}\,\alpha\,a \, J_1 \, (\sqrt{-i}\,\alpha\,a)}{\sigma \, J_o \, (\sqrt{-i}\,\alpha\,a)} \quad . \qquad (13)$$

Da die Ausdrücke (12) und (13) die Permeabilität μ des Zylinders nicht in expliziter Form enthalten sondern nur innerhalb des allgemeinen Konstantenparameters $\alpha = \sqrt{\sigma\mu\omega}$, ist in die vorliegende Lösung in einfacher Weise auch die magnetische Induktion mit einbezogen. Eine Änderung der Permeabilität entspricht einer Änderung der Leitfähigkeit σ oder der Frequenz ω im gleichen Verhältnis.

§ 9. Das Magnetfeld

Für die komplexe Lösung im Innern des Zylinders erhält man aus (8.8) mit (8.12)

$$H_z = H_o \, \frac{J_o \, (\sqrt{-i}\,\alpha\,\rho)}{J_o \, (\sqrt{-i}\,\alpha\,a)} \quad ; \quad \rho \leqq a \quad . \qquad (1)$$

Reelle Lösung für sinusförmige Erregung des induzierenden Feldes ist der Imaginärteil. Bei der Trennung des komplexen Ausdrucks (1) in Real- und Imaginärteil ist jedoch auch hier wieder der Faktor $e^{i\omega t}$ für die harmonische Zeitabhängigkeit mit zu berücksichtigen. Die reelle Lösung für H_z kann geschrieben werden in der Form

$$H_z = H_o \left\{ C_z^{\sin} \sin\omega t + C_z^{\cos} \cos\omega t \right\} \quad , \qquad (2)$$

wobei die dimensionslosen Induktionsfunktionen $C_z^{\sin}$ und $C_z^{\cos}$ wie die entsprechenden beim transversalen induzierenden Feld (Kap. II) bei festem numerischen Radius $R_a = \sqrt{\sigma\mu\omega}\,a$ jeweils Funktionen der numerischen Entfernung $R_\rho = \sqrt{\sigma\mu\omega}\,\rho$ sind. Sie sind nach (1) von der Gestalt

$$\left.\begin{array}{l} C_z^{\sin} = \dfrac{\text{bei}(R_\rho)\,\text{bei}(R_a) + \text{ber}(R_\rho)\,\text{ber}(R_a)}{\text{ber}^2(R_a) + \text{bei}^2(R_a)} \\[2ex] C_z^{\cos} = \dfrac{\text{bei}(R_\rho)\,\text{ber}(R_a) - \text{ber}(R_\rho)\,\text{bei}(R_a)}{\text{ber}^2(R_a) + \text{bei}^2(R_a)} \end{array}\right\} \quad \rho \leqq a \quad . \qquad (3)$$

Außerhalb des Zylinders wird das Magnetfeld in der Darstellung (2) nach (8.9) beschrieben durch

$$C_z^{\sin} = 1 \quad , \quad C_z^{\cos} = 0 \quad ; \quad \rho \geqq a \quad . \qquad (4)$$

Ein Vergleich der Induktionsfunktionen C_z^{sin} und C_z^{cos} in (3) für das Magnetfeld im Innern des Zylinders bei longitudinalem induzierenden Feld mit den entsprechenden Funktionen für die ρ- und die φ-Komponente des Magnetfeldes bei transversalem induzierenden Feld ergibt nach (4.6) und (5.3) einen Zusammenhang beider Felder in der Form

$$\left.\begin{array}{l} 2\,C_z^{sin} = C_\rho^{sin} - C_\varphi^{sin}\,,\\ 2\,C_z^{cos} = C_\rho^{cos} - C_\varphi^{cos}\,. \end{array}\right\} \qquad (5)$$

Beim Vergleich der zugehörigen Induktionsfunktionen im Außenraum des Zylinders zeigt sich nach (4) mit (4.8) und (5.5), daß die Beziehungen (5) ganz allgemein gelten. Sie vereinfachen sich für $\rho \geqq a$ allerdings zu

$$\left.\begin{array}{l} C_\rho^{sin} - C_\varphi^{sin} = 2 \\ C_\rho^{cos} = C_\varphi^{cos} \end{array}\right\} \rho \geqq a\,, \qquad (6)$$

führen also wieder auf den bereits in (6.3) und (6.5) genannten Zusammenhang zwischen ρ- und φ-Komponente des Magnetfeldes beim transversalen induzierenden Feld allein.

Die Induktionsfunktionen des Magnetfeldes im Innen- und Außenraum des Zylinders sind aufgetragen in Abb. 20 über ρ/a, entsprechend der Normierung des Wertes $R_\rho = R_a$ auf der Abszisse R_ρ zu 1. Der Maßstab ist der gleiche wie der durchweg in Kap. II benutzte. Berechnet und gezeichnet wurden die Induktionskurven wieder jeweils für die festen Werte $R_a = 1, 2, 4$ und 10. Für $R_a = 0$ ist $C_z^{sin} \equiv 1$, während C_z^{cos} identisch verschwindet: Bei verschwindender Leitfähigkeit σ oder Frequenz ω (statischer Fall)

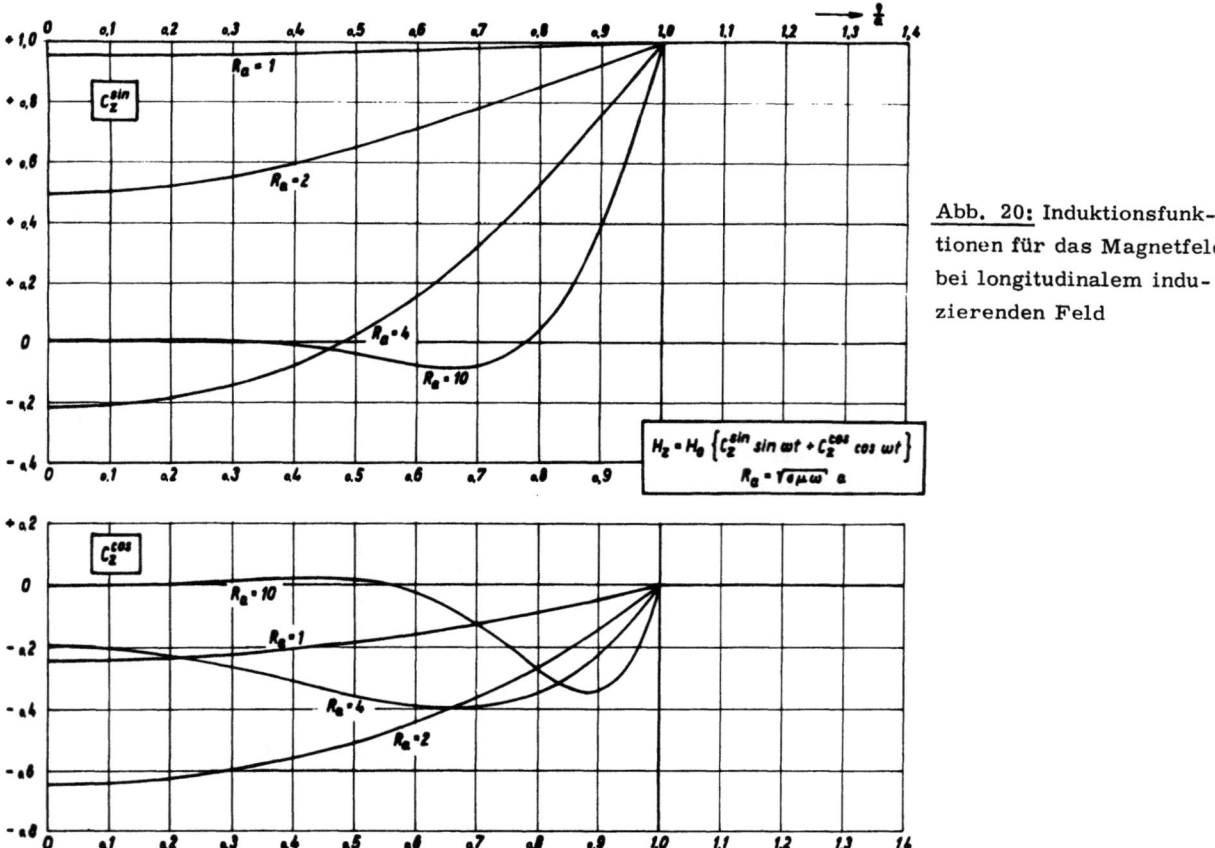

Abb. 20: Induktionsfunktionen für das Magnetfeld bei longitudinalem induzierenden Feld

reicht das äußere homogene Feld H_o bis an die Zylinderachse heran. Bei wachsendem R_a nimmt dann jedoch die Sinus-Phase mit zunehmender Tiefe im Zylinder zunächst immer stärker ab und teilweise sogar negative Werte an. Die (negative) Kosinus-Phase hingegen nimmt bei wachsendem R_a mit zunehmender Tiefe anfangs immer stärker zu, bei großen Werten von R_a (etwa $R_a > 2$) nach einem Maximum gegen die Zylinderachse hin aber ebenfalls wieder ab. Im Grenzfall $R_a = \infty$, entsprechend unendlich hoher Leitfähigkeit oder Frequenz, verschwindet die Kosinus-Phase wiederum durchgehend, die Sinus-Phase nur bei $\rho < a$: Das Innere des Zylinders ist vollkommen feldfrei, im Außenraum dagegen besteht weiterhin das normale Feld H_o.

Die Schirmwirkung des Zylinders und das Eindringen des Magnetfeldes in den Innenraum kommen anschaulicher zum Ausdruck bei einer gesonderten Betrachtung der Amplituden und Phasen. Schreibt man H_z in der Form

$$H_z = H_o \cdot C_z \sin(\omega t + \psi_z) \quad , \qquad (7)$$

so bestehen zwischen dieser und der Darstellungsform (2) die Beziehungen

$$C_z = \sqrt{(C_z^{sin})^2 + (C_z^{cos})^2} \quad , \qquad (8)$$

$$\psi_z = \arctan \frac{C_z^{cos}}{C_z^{sin}} \quad . \qquad (9)$$

Die Amplituden-Induktionswerte C_z stellen die relativen Amplituden von $|H_z|/H_o$ dar, ψ_z ist die Phasendifferenz gegenüber dem induzierenden Feld. Die Amplituden-Induktionskurven (Abb. 21) zeigen

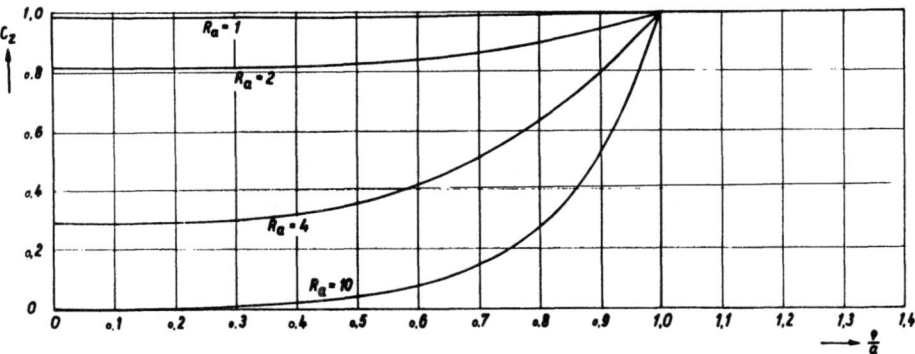

Abb. 21: Amplituden-Induktionskurven für das Magnetfeld bei longitudinalem induzierenden Feld.

deutlich die zunehmende Abschirmung des Magnetfeldes im Innern des Zylinders mit wachsendem R_a. Für die räumliche Verteilung des Feldes ist dieses Bild rotationssymmetrisch zur Zylinderachse ($\rho/a = 0$) zu denken. An keiner Stelle tritt eine Verstärkung des Magnetfeldes auf. Es handelt sich also in diesem Fall um eine echte Schirmwirkung des Zylinders im Sinne einer Dämpfung der Amplituden, im Gegensatz zu der Feldverdrängung bei transversalem induzierenden Feld. Im Grenzfall $R_a \to \infty$ verschwindet C_z überall im Innern des Zylinders, während außerhalb weiterhin $C_z = 1$ ist.

Für die zeitliche Änderung des Magnetfeldes ist auch das Bild der Phasen-Induktionskurven (Abb. 22) rotationssymmetrisch zur Achse $\rho/a = 0$ zu denken. Das Feld dringt in Form von rotationssymmetrischen gedämpften "Feldwellen", ausgehend von der Oberfläche, diffusionsartig in das Innere des Zylinders ein. Die aus dem Abstand der Flächen gleicher Phase extrapolierte relative "Wellenlänge", gemessen in Einheiten von a, nimmt dabei mit wachsendem R_a stetig ab und strebt für $R_a \to \infty$ gegen Null.

Die vektorielle Darstellung des Magnetfeldes in einer Periodenuhr läßt wiederum die Änderung des Feldes, sowohl räumlich als auch bei Variation der Konstanten σ, μ und ω, nach Amplitude und

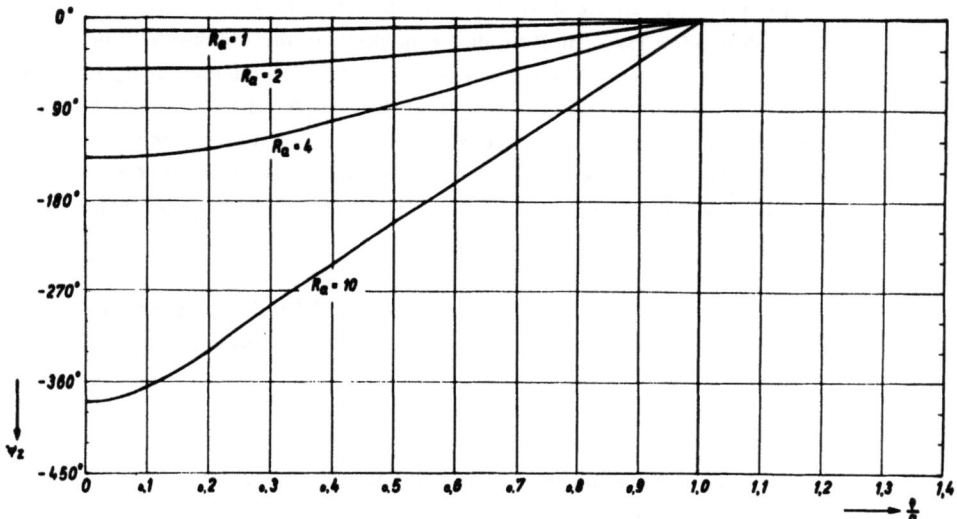

Abb. 22: Phasen-Induktionskurven für das Magnetfeld bei longitudinalem induzierenden Feld.

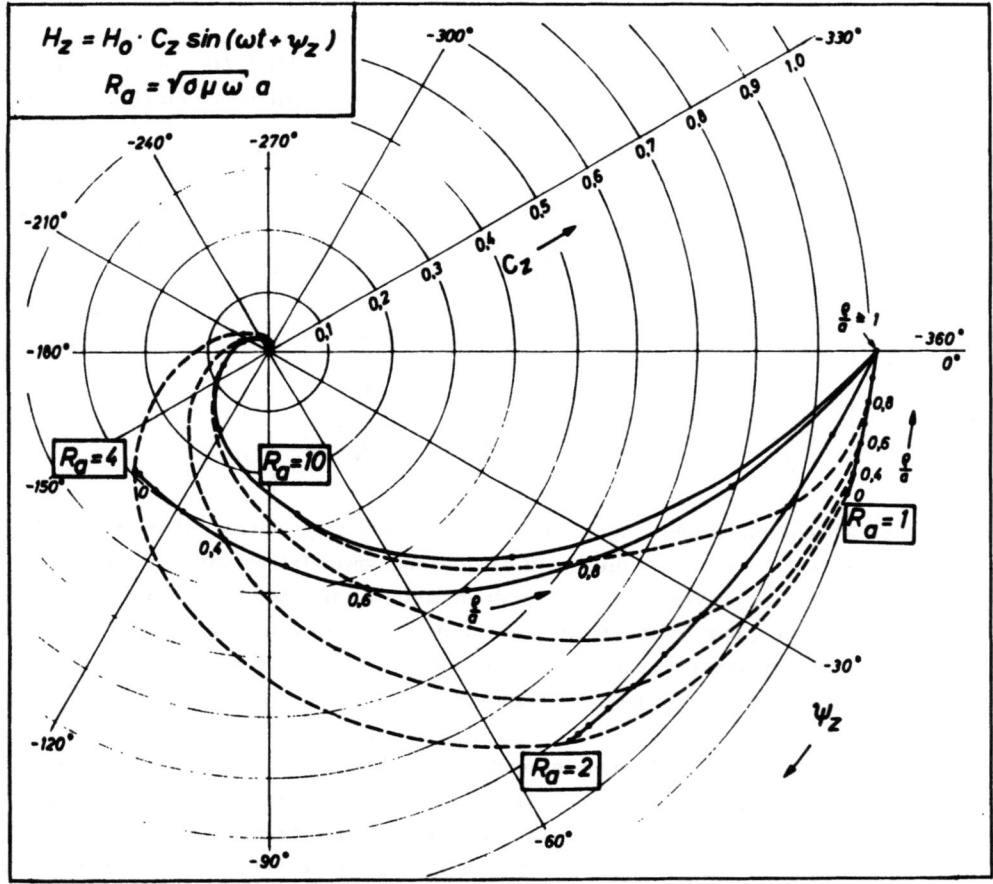

Abb. 23: Periodenuhr für das Magnetfeld eines homogenen Zylinders im longitudinalen magnetischen Wechselfeld.

Phase in zusammenhängender Form erkennen (Abb. 23). Bei Auftragung von $C_z^{\sin}$ nach rechts und $C_z^{\cos}$ nach oben gibt die Richtung der rechten Halbachse die Phase des induzierenden Feldes ($C_z = +1$) an, das Azimut, im Uhrzeigersinn gemessen, die Phasenverzögerung gegenüber dem induzierenden Feld. Die ausgezogenen Kurven zeigen Amplitudenabnahme und Phasendrehung des Feldes mit wachsender Tiefe im Zylinder, die beide um so stärker sind, je größer R_a ist. In fester relativer Tiefe $1 - \rho/a$ erfolgt ebenfalls eine stetige Amplitudenabnahme und Phasendrehung mit zunehmendem R_a (gestrichelte Kurven bei ρ/a = 0,8; 0,6; 0,4 und 0). Im Grenzfall $R_a = \infty$ wird das Magnetfeld im Außenraum des Zylinders ($\rho/a > 1$) weiterhin beschrieben durch den Punkt bei $C_z = +1$ auf der rechten Halbachse, im Innenraum ($\rho/a < 1$) jedoch durch einen Punkt im Ursprung der Periodenuhr.

§ 10. Stromverteilung und elektrisches Feld

a) Die Stromverteilung im Innern des Zylinders

Induzierte Ströme können auch bei longitudinalem induzierenden Feld nur im Innern des Zylinders fließen. Da sie bei einem isotropen Zylinder nach (8. 3) nur eine φ-Komponente besitzen, fließen sie sämtlich auf geschlossenen, ringförmigen Bahnen um die Achse, in Ebenen senkrecht zum Zylinder. Mit dem Ohmschen Gesetz folgt aus (8. 8) mit (8. 12) für die komplexe Lösung der Stromdichte

$$j_\varphi = \sigma E_\varphi = \alpha H_0 \frac{\sqrt{-i}\, J_1(\sqrt{-i}\alpha\rho)}{J_0(\sqrt{-i}\alpha a)} \quad ; \quad \rho \leqq a . \tag{1}$$

Die reelle Lösung für sinusförmige Erregung des induzierenden Feldes ist der Imaginärteil des komplexen Ausdrucks (1), unter Berücksichtigung des zu ergänzenden Faktors $e^{i\omega t}$ für die harmonische Zeitabhängigkeit. Man kann sie in gewohnter Weise darstellen durch Induktionsfunktionen in einer der beiden Formen

$$j_\varphi = \alpha H_0 \left\{ C_j^{\sin} \sin\omega t + C_j^{\cos} \cos\omega t \right\} \quad ; \quad \rho \leqq a , \tag{2}$$

oder

$$j_\varphi = \alpha H_0 \cdot C_j \sin(\omega t + \psi_j) \quad ; \quad \rho \leqq a , \tag{3}$$

deren Beziehungen untereinander gegeben sind durch die Gleichungen

$$C_j = \sqrt{(C_j^{\sin})^2 + (C_j^{\cos})^2} , \tag{4}$$

$$\psi_j = \arctan \frac{C_j^{\cos}}{C_j^{\sin}} . \tag{5}$$

Nun ist aber die komplexe Lösung (1) der Stromdichte bei longitudinalem induzierenden Feld bis auf den Faktor 2 und der φ-Abhängigkeit mit $\sin\varphi$ von der gleichen Gestalt wie die komplexe Stromdichte bei transversalem induzierenden Feld (7. 2). Dementsprechend sind auch die Induktionsfunktionen $C_j^{\sin}$ und $C_j^{\cos}$ in (2) bis auf einen Faktor 2 von derselben Form wie in jenem Fall (7. 4) und (7. 5). Die Abb. 14-16 und 19 beschreiben also auch bei einem longitudinalen induzierenden Feld die Stromverteilung im Innern des Zylinders nach Amplitude und Phase, wenn man nur den jeweiligen Amplitudenmaßstab auf das Doppelte vergrößert. In diesem Sinne ist für den vorliegenden Fall in den Abb. 14 und 16 jeweils der rechte Ordinatenmaßstab und in Abb. 19 der obere Maßstab für den Amplituden-Induktionswert zu benutzen. In der Darstellung der Phasen tritt keinerlei Änderung des Maßstabs gegenüber dem in Abb. 15 eingetragenen auf. Zur Beschreibung der Induktionskurven vgl. § 7. Im Grenzfall unendlich hoher Leitfähigkeit σ oder Frequenz ω fließen Ströme wiederum nur auf dem Zylindermantel.[*]

Obwohl die im Zylinder induzierten Ströme bei transversalem und longitudinalem induzierenden Magnetfeld im wesentlichen durch die gleichen Induktionsfunktionen beschrieben werden, besitzen sie, vornehmlich wegen des Faktors $\sin \varphi$ in (7. 2), eine recht verschiedene Symmetrie. Lediglich bei $\varphi = 90°$ und $\varphi = 270°$ ist die Stromdichte, entsprechend dem Faktor 2 in (7. 2), dem Betrag nach bei transversalem Feld doppelt so groß wie bei longitudinalem Feld. Die zeitliche Änderung des Stromfeldes erfolgt aber auch bei longitudinalem Magnetfeld in Form einer rotationssymmetrischen "Stromwelle", ausgehend von der Oberfläche des Zylinders, allerdings mit überall gleicher φ-Richtung der Induktionsströme sowie ebenfalls rotationssymmetrischer Amplitudenverteilung (vgl. hierzu Abb. 17 und 18 für transversales Feld).

Der Faktor 2, der in der Amplitude der Stromdichte bei transversalem induzierenden Feld neben der φ-Abhängigkeit mit $\sin \varphi$ nach (7. 2) zusätzlich gegenüber der Stromdichte (1) bei longitudinalem Feld auftritt, führt zu einem bemerkenswerten physikalischen Unterschied beider Modellfälle in energetischer Hinsicht. Die Leistungsdichte eines elektrischen Stromfeldes, d. h. die in der Zeit- und Raumeinheit in Wärme umgewandelte Energie, wird dargestellt durch das Produkt $\sigma \mathcal{E}^2$ (vgl. [7] S. 163 f). Der Ausdruck

$$\ell_\varphi = \int_0^a \sigma E_\varphi^2 \, 2\pi \rho \, d\rho = -H_0^2 \frac{2\pi a^2 i}{\sigma J_0^2(\sqrt{-i}\,\alpha a)} \int_0^a J_1^2(\sqrt{-i}\,\alpha\rho) \rho \, d\rho \qquad (5)$$

gibt also im Falle des longitudinalen induzierenden Feldes die Leistung der gesamten induzierten Ströme pro Längeneinheit des Zylinders in komplexer Form an. Um den entsprechenden Ausdruck beim transversalen induzierenden Feld zu erhalten, muß infolge der φ-Abhängigkeit von E_z ebenfalls über φ integriert werden:

$$\ell_z = \int_0^a \int_0^{2\pi} \sigma E_z^2 \, \rho \, d\varphi \, d\rho = -H_0^2 \frac{4\alpha^2 i}{\sigma J_0^2(\sqrt{-i}\,\alpha a)} \int_0^{2\pi} \int_0^a J_1^2(\sqrt{-i}\,\alpha\rho) \sin^2\varphi \, \rho \, d\rho \, d\varphi \qquad (6)$$

Die Integration über φ kann sofort ausgeführt werden. Es ergibt sich

$$\ell_z = -H_0^2 \frac{4\pi \alpha^2 i}{\sigma J_0^2(\sqrt{-i}\,\alpha a)} \int_0^a J_1^2(\sqrt{-i}\,\alpha\rho) \rho \, d\rho \qquad (7)$$

Die reelle Gesamtleistung der Induktionsströme ist demnach beim transversalen induzierenden Feld pro Längeneinheit des Zylinders in jedem Augenblick doppelt so groß wie beim longitudinalen induzierenden Feld gleicher Stärke und gleicher Phase:

$$\ell_z = 2\ell_\varphi \qquad (8)$$

---

[*] Der Grenzfall $R_a \to \infty$, entsprechend unendlich hoher Leitfähigkeit oder Frequenz, ergibt sowohl bei transversalem als auch bei longitudinalem induzierenden Magnetfeld für jede nichtverschwindende Frequenz ($\omega > 0$) eine Verdrängung bzw. ein Verschwinden des gesamten elektrischen und magnetischen Feldes sowie der induzierten Ströme im Innern des Zylinders. Damit lassen sich möglicherweise auch einige Effekte, wie sie bei der Supraleitung auftreten, veranschaulichen (vgl. S. 6). Denkt man sich die (beliebige) Zeitfunktion des äußeren Feldes dargestellt durch ihr Fourier-Integral, so verschwindet nach dem oben Gesagten für jede der darin enthaltenen Frequenzen $\omega > 0$ das gesamte Feld im Innern des Leiters, wenn die Leitfähigkeit σ - und damit R_a - über alle Grenzen wächst. So erscheint das Verschwinden eines vorherigen zeitlich begrenzten statischen Feldes im Innern des Leiters bei Eintritt der Supraleitung (Meissner-Ochsenfeld-Effekt) unter diesem Aspekt als eine Folge der nichtstatischen Herstellung des äußeren Feldes.

Den Quellen des transversalen induzierenden Feldes wird, sinusförmig variierend, pro Zeiteinheit die doppelte Energiemenge entnommen wie den Quellen des longitudinalen Feldes gleicher Stärke. Aus Symmetriegründen liefert beim transversalen Magnetfeld jedes der Stromfelder konstanter Richtung in einer Zylinderhälfte zur Gesamtleistung pro Längeneinheit einen Beitrag, der gleich der gesamten Stromleistung pro Längeneinheit des Zylinders beim longitudinalen Magnetfeld ist.

b) Das induzierte elektrische Feld im Außenraum

Die Ursache der Induktionsströme im Innern des Zylinders ist das dort induzierte elektrische Feld. Dieses setzt sich an der Oberfläche stetig nach außen hin fort. Es hat hier nach (8.9) mit (8.13) die komplexe Form

$$E_\varphi = \frac{\alpha}{\sigma} H_0 \frac{\sqrt{-i}\, J_1(\sqrt{-i}\,\alpha a)}{J_0(\sqrt{-i}\,\alpha a)} \frac{a}{\rho} \quad ; \quad \rho \geq a \quad , \tag{9}$$

mit

$$\frac{\alpha}{\sigma} = \sqrt{\frac{\mu \omega}{\sigma}} \quad . \tag{10}$$

Die reelle Form der elektrischen Feldstärke für sinusförmige Erregung des induzierenden Magnetfeldes ist der Imaginärteil des mit dem Faktor $e^{i\omega t}$ versehenen Ausdrucks (9). Es ist zweckmäßig, jetzt nicht mehr α allein sondern $\frac{\alpha}{\sigma}$ in den Amplitudenfaktor einzubeziehen und das elektrische Feld im Außenraum darzustellen in einer der Formen

$$E_\varphi = \frac{\alpha}{\sigma} H_0 \left\{ C_j^{\sin} \sin\omega t + C_j^{\cos} \cos\omega t \right\} \quad ; \quad \rho \geq a \tag{11}$$

oder

$$E_\varphi = \frac{\alpha}{\sigma} H_0 \cdot C_j \sin(\omega t + \psi_j) \quad ; \quad \rho \geq a \quad , \tag{12}$$

wobei zwischen beiden Darstellungsformen wieder die Beziehungen (4) und (5) bestehen. Damit schließen sich sämtliche Induktionsfunktionen in (11) und (12) an der Zylinderoberfläche den entsprechenden Funktionen in (2) und (3) für den Innenraum stetig an. Aus diesem Grund wurde auch der Index j beibehalten, obwohl er hier nicht mehr auf eine Stromdichte hinweisen soll.

Die Induktionsfunktionen $C_j^{\sin}$ und $C_j^{\cos}$ haben nach (9) die Gestalt

$$\left.\begin{aligned} C_j^{\sin} &= \frac{1}{\sqrt{2}} \frac{\text{ber}_1(R_a)[\text{bei}(R_a)-\text{ber}(R_a)] - \text{bei}_1(R_a)[\text{bei}(R_a)+\text{ber}(R_a)]}{\text{ber}^2(R_a)+\text{bei}^2(R_a)} \cdot \frac{a}{\rho} \\ C_j^{\cos} &= \frac{1}{\sqrt{2}} \frac{\text{ber}_1(R_a)[\text{bei}(R_a)+\text{ber}(R_a)] + \text{bei}_1(R_a)[\text{bei}(R_a)-\text{ber}(R_a)]}{\text{ber}^2(R_a)+\text{bei}^2(R_a)} \cdot \frac{a}{\rho} \end{aligned}\right\} \rho \geq a \quad . \tag{13}$$

Sie sind beide für einen festen numerischen Radius $R_a = \sqrt{\sigma\mu\omega}\, a$ nur mehr Funktionen des relativen Abstandes ρ/a von der Zylinderachse. $C_j^{\sin}$ und $C_j^{\cos}$ für $\rho \geq a$ sowie die zugehörigen Amplituden- und Phasen-Induktionskurven C_j und ψ_j sind in den Abb. 14-16 jeweils gestrichelt eingezeichnet. Dabei gelten die gleichen Maßstäbe wie für die Stromdichte im Innern des Zylinders bei longitudinalem induzierenden Feld (rechter Ordinatenmaßstab in Abb. 14 und 16). Die Amplitude des elektrischen Feldes fällt bei festem R_a im gesamten Außenraum mit wachsendem ρ/a wie $1/(\rho/a)$ ab, dagegen bleibt die Phase jeweils durchweg konstant. In der Darstellung des elektrischen Feldes in einer Periodenuhr (Abb. 24) kommt das Verhalten von Amplitude und Phase in zusammenhängender Form anschaulich zum Ausdruck. Die Auftragung ist dabei die gleiche wie bei der Stromdichte im Innern des Zylinders bei

§ 10   - 44 -

longitudinalem induzierenden Magnetfeld (Abb. 19). Eine getrennte Darstellung von Innen- und Außenraum ist hier lediglich gewählt worden, weil beide Bilder in derselben Periodenuhr sich überlappen würden. Die Punkte für die Stromdichte bzw. die elektrische Feldstärke auf dem Zylindermantel ($\rho/a = 1$) bei gleichem R_a fallen in beiden Bildern jeweils zusammen.

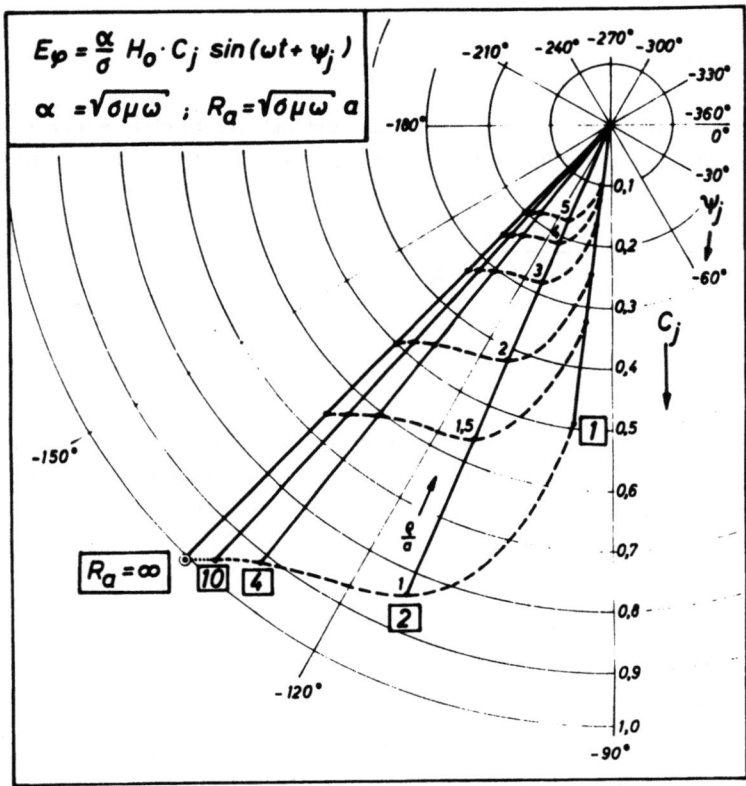

Abb. 24: Periodenuhr für das elektrische Feld außerhalb des Zylinders bei longitudinalem induzierenden Magnetfeld (anschließend an Abb. 19)

Die Induktionsfunktionen für das elektrische Feld im Außenraum (Abb. 14-16 und 24) beschreiben direkt die Änderung des Feldes bei festen Konstanten σ, μ, ω mit zunehmendem Abstand ρ von der Zylinderachse oder für einen festen relativen Abstand ρ/a mit wachsendem Radius a des Zylinders, d. h. bei zunehmender Vergrößerung der Lineardimensionen des Modells. Für die Änderung des Feldes mit wachsenden Konstanten σ, μ oder ω ist nach (9) ebenfalls der Faktor $\frac{\alpha}{\sigma}$ in den Amplituden zu berücksichtigen. Während die Induktionsfunktionen $C_j^{\sin}$ und $C_j^{\cos}$ auch für $R_a \to \infty$ endlich bleiben, wächst die elektrische Feldstärke mit zunehmender Frequenz ω oder Permeabilität μ überall im Endlichen über alle Grenzen. Bei unendlicher Leitfähigkeit dagegen verschwinden nicht nur die Induktionsströme im Innern des Zylinders ($\rho < a$) sondern auch das elektrische Feld im gesamten Außenraum ($\rho > a$). Das ist jedoch plausibel, da die auf dem Zylindermantel fließenden Ströme mit zunehmender F r e q u e n z anwachsen infolge eines mit $\omega \to \infty$ nach dem Induktionsgesetz über alle Grenzen anwachsenden elektrischen Feldes, mit zunehmender L e i t f ä h i g k e i t jedoch nach dem Ohmschen Gesetz aufgrund dieser Zunahme selbst, auch wenn die Feldstärke gleichzeitig (schwächer als mit $1/\sigma$) abnimmt. Bei einem vollkommenen Leiter (Supraleiter) schließlich kann ein Strom fließen, ohne daß in ihm ein elektrisches Feld existiert ($\mathscr{E} = 0$).

Die im gesamten Außenraum konstante Phase des elektrischen Feldes und die Amplitudenabnahme wie $1/\rho$ mit wachsendem ρ lassen sich, in ähnlicher Weise wie der induzierte Teil des Magnetfeldes bei transversalem induzierenden Feld (§ 6), in einfacher Weise veranschaulichen. Es sind die Kennzeichen eines in der Zylinderachse in Richtung des induzierenden Feldes fließenden "magnetischen Wechselstromes", d. h. einer harmonisch oszillierenden Änderung des magnetischen Flusses

$$\Phi = \frac{d}{dt} \iint \mathscr{B} \, df = 2\pi \mu \omega \, a^2 \, H_o \, V_o \sin(\omega t + \psi_o) \qquad (14)$$

mit

$$V_o = \frac{1}{R_a} \sqrt{\frac{\text{ber}_1^2(R_a) + \text{bei}_1^2(R_a)}{\text{ber}^2(R_a) + \text{bei}^2(R_a)}} \qquad , \qquad (15)$$

$$\psi_o = \text{arc tg} \frac{\text{ber}_1(R_a)[\text{bei}(R_a)+\text{ber}(R_a)] + \text{bei}_1(R_a)[\text{bei}(R_a)-\text{ber}(R_a)]}{\text{ber}_1(R_a)[\text{bei}(R_a)-\text{ber}(R_a)] - \text{bei}_1(R_a)[\text{bei}(R_a)+\text{ber}(R_a)]} \qquad (16)$$

Die Amplituden- und Phasen-Induktionskurven V_o und ψ_o dieses "magnetischen Stromes" sind aufgetragen in Abb. 25[*]. Der obere Teil zeigt bei festem Radius a, fester Permeabilität µ und fester Frequenz ω die Abnahme des induzierten elektrischen Feldes mit zunehmender Leitfähigkeit σ des Zylinders, der untere Teil die mit wachsendem R_a abnehmende Phasenverschiebung von 90° bis 45° gegenüber dem induzierenden Magnetfeld. Dieser Bereich für ψ_o wurde - anders als für die Phase ψ_1 des induzierten Dipolfeldes bei transversalem induzierenden Magnetfeld (Abb. 13) - gewählt, um das Minuszeichen im Induktionsgesetz zu berücksichtigen. Der induzierte "magnetische Strom", positiv in Richtung der positiven z-Achse, eilt dem induzierenden Magnetfeld in der Phase voraus.

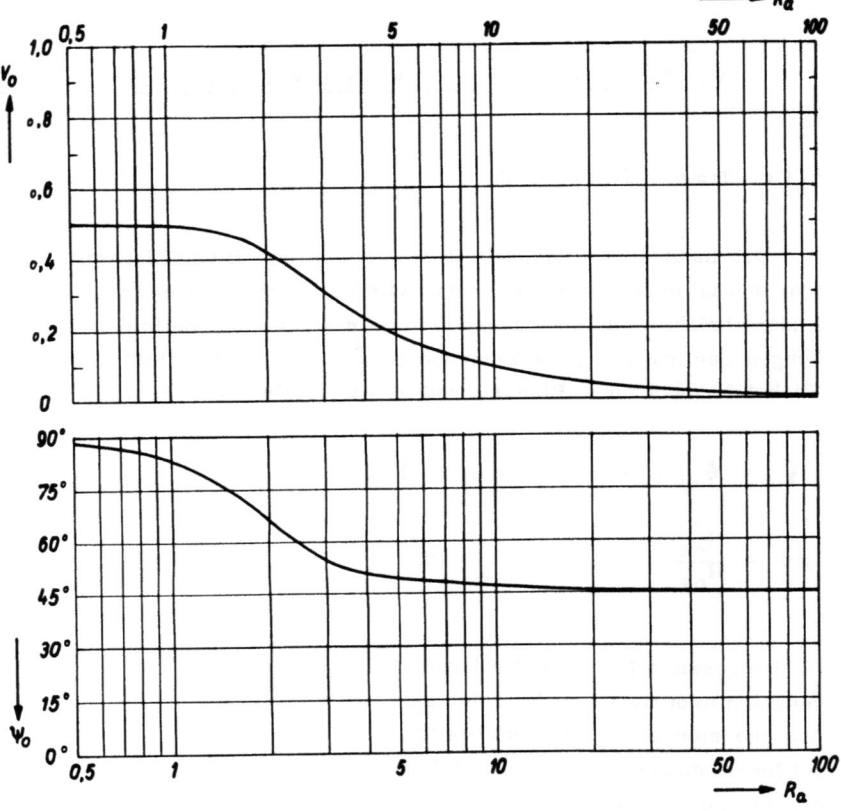

Abb. 25: Amplituden- (oben) und Phasen-(unten) Induktionskurven für den "magnetischen Wechselstrom" in der Zylinderachse, der bei longitudinalem induzierenden Magnetfeld das induzierte elektrische Feld außerhalb des Zylinders veranschaulicht.

---

[*] Für $R_a \leq 10$ wurden V_o und ψ_o direkt berechnet aus den tabellierten Werten der Kelvin-Funktionen nullter und erster Ordnung ([8]). Für größere Werte von R_a wurden Näherungsformeln benutzt, die aus der asymptotischen Entwicklung von $J_n(\sqrt{-i}\, R_a)$ ([12], S. 151) hergeleitet wurden:

$$V_o = \sqrt{\frac{p^2 - 6p + 18}{p^2 + 2p + 2}} \quad ,$$

$$\psi_o = \text{arc tg}\, \frac{p^2 + 2p - 6}{p^2 - 6p - 6} \quad \text{(für große positive } R_a\text{)}$$

mit $\qquad p = 8\sqrt{2}\, R_a$.

§ 11 - 46 -

Das Verschwinden der Amplituden-Induktionswerte V_o für große R_a erfolgt wie $1/R_a$. Damit ergibt sich wiederum bei unendlich zunehmenden Werten von Frequenz, Permeabilität oder Zylinderradius ein Anwachsen des elektrischen Feldes im Außenraum über alle Grenzen, bei unendlich zunehmender Leitfähigkeit des Zylinders hingegen dessen Verschwinden durchweg. Aus dem konstanten Verhalten von V_o für sehr kleine Werte von R_a, unter Berücksichtigung des Amplitudenfaktors in (14), folgt in gleicher Weise das Verschwinden des gesamten induzierten elektrischen Feldes bei verschwindender Frequenz (konstantes äußeres Feld) oder verschwindendem Zylinderradius, nicht dagegen bei verschwindender Leitfähigkeit. Vielmehr bleibt in diesem Falle das elektrische Feld konstant. Die Ursache des verschiedenen Verhaltens des elektrischen Feldes bei verschwindendem Zylinderradius und verschwindender Leitfähigkeit liegt letztlich wohl in der Magnetisierbarkeit auch nichtleitender Materie.

IV. Homogenes induzierendes Magnetfeld in beliebiger Richtung

§ 11. Das Magnetfeld

Das induzierende Magnetfeld war in den Kap. II und III jeweils horizontal mit bestimmter Richtung, transversal oder longitudinal zum Zylinder, gegeben. Wenn das induzierende Feld $\mathfrak{H}_o$ schräg zum Zylinder gerichtet ist, überlagern sich im gesamten Magnetfeld und in den induzierten Strömen die Wirkungen der transversalen Komponente $\mathfrak{H}_{ox}$ und der longitudinalen Komponente $\mathfrak{H}_{oz}$. Für ein um den Winkel ϑ gegen die x-Richtung gedrehtes induzierendes Feld gilt (Abb. 26)

$$\mathfrak{H}_o = \mathfrak{H}_{ox} + \mathfrak{H}_{oz} , \qquad (1)$$

$$\text{tg}\,\vartheta = \frac{H_{oz}}{H_{ox}} . \qquad (2)$$

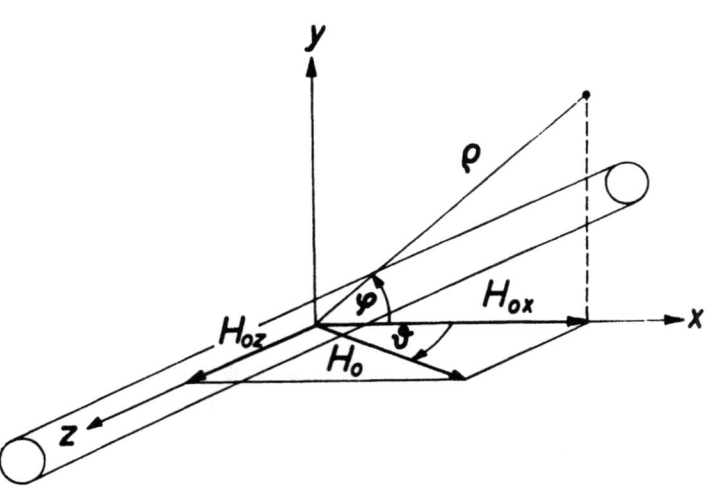

Da das gesamte Magnetfeld bei transversalem induzierenden Feld nur eine ρ- und eine φ-Komponente besitzt, bei longitudinalem induzierenden Feld dagegen nur eine z-Komponente, ergibt sich im Falle eines homogenen induzierenden Feldes in Richtung ϑ nach (8.1,7), (12.1,4), (24.9) und (25.1) mit

$$\mathcal{E}_1 = H_{ox} = H_o \cos\vartheta , \qquad (3)$$

und $\qquad H_{oz} = H_o \sin\vartheta , \qquad (4)$

Abb. 26: Induzierendes Feld $\mathfrak{H}_o$ in beliebiger Richtung im zylinderfesten Koordinatensystem.

das gesamte Magnetfeld innerhalb und außerhalb des Zylinders in der Form

$$H_\rho = \begin{cases} H_o \cos\vartheta \; \dfrac{2 J_1(\sqrt{-i}\,\alpha\rho)}{\sqrt{-i}\,\alpha\rho \; J_o(\sqrt{-i}\,\alpha a)} \cos\varphi & ; \quad \rho \leq a \\[2ex] H_o \cos\vartheta \left[1 + \left(\dfrac{a}{\rho}\right)^2 \dfrac{J_2(\sqrt{-i}\,\alpha a)}{J_o(\sqrt{-i}\,\alpha a)} \right] \cos\varphi & ; \quad \rho \geq a \end{cases} \quad (5)$$

$$H_\varphi = \begin{cases} -H_o \cos\vartheta \; \dfrac{2 \frac{d}{d\rho} J_1(\sqrt{-i}\,\alpha\rho)}{\sqrt{-i}\,\alpha \; J_o(\sqrt{-i}\,\alpha a)} \sin\varphi & ; \quad \rho \leq a \\[2ex] -H_o \cos\vartheta \left[1 - \left(\dfrac{a}{\rho}\right)^2 \dfrac{J_2(\sqrt{-i}\,\alpha a)}{J_o(\sqrt{-i}\,\alpha a)} \right] \sin\varphi & ; \quad \rho \geq a \end{cases} \quad (6)$$

$$H_z = \begin{cases} H_o \sin\vartheta \; \dfrac{J_o(\sqrt{-i}\,\alpha\rho)}{J_o(\sqrt{-i}\,\alpha a)} & ; \quad \rho \leq a \\[2ex] H_o \sin\vartheta & ; \quad \rho \geq a \end{cases} \quad (7)$$

Auch dieses Feld ist im allgemeinen elliptisch polarisiert, da nach § 6 bereits seine Projektion auf die x, y-Ebene (die transversale Komponente) elliptisch polarisiert ist. Dabei ist die Polarisationsebene (Drehebene des magnetischen Feldvektors) jedoch nicht - wie zunächst zu vermuten wäre - stets vertikal gerichtet und nur um den Winkel ϑ gegen die x-Achse gedreht. Sie ist vielmehr jetzt ortsabhängig mit dem Winkel φ. Eine qualitative Aussage läßt sich gewinnen aus den kartesischen Komponenten des Gesamtfeldes:

$$H_x = H_\rho \cos\varphi - H_\varphi \sin\varphi = \begin{cases} H_o \cos\vartheta \left[\dfrac{2 J_1(\sqrt{-i}\,\alpha\rho)}{\sqrt{-i}\,\alpha\rho \; J_o(\sqrt{-i}\,\alpha a)} \cos 2\varphi + \dfrac{J_o(\sqrt{-i}\,\alpha\rho)}{J_o(\sqrt{-i}\,\alpha a)}(1 - \cos 2\varphi) \right] & ; \; \rho \leq a \\[2ex] H_o \cos\vartheta \left[1 + \left(\dfrac{a}{\rho}\right)^2 \dfrac{J_2(\sqrt{-i}\,\alpha a)}{J_o(\sqrt{-i}\,\alpha a)} \cos 2\varphi \right] & ; \; \rho \geq a \end{cases} \quad (8)$$

$$H_y = H_\rho \sin\varphi + H_\varphi \cos\varphi = \begin{cases} H_o \cos\vartheta \left[\dfrac{2 J_1(\sqrt{-i}\,\alpha\rho)}{\sqrt{-i}\,\alpha\rho J_o(\sqrt{-i}\,\alpha a)} - \dfrac{2 J_o(\sqrt{-i}\,\alpha\rho)}{J_o(\sqrt{-i}\,\alpha a)} \sin 2\varphi \right] & ; \; \rho \leq a \\[2ex] H_o \cos\vartheta \left(\dfrac{a}{\rho}\right)^2 \dfrac{J_2(\sqrt{-i}\,\alpha a)}{J_o(\sqrt{-i}\,\alpha a)} \sin 2\varphi & ; \; \rho \geq a \end{cases} \quad (9)$$

Dann und nur dann, wenn die reellen Lösungen von H_z und H_x die gleiche Phase (mod π) besitzen, die komplexen Amplituden (7) und (8) also den gleichen Argumentwinkel (mod $180°$) in der komplexen Ebene haben, ist die Polarisationsebene des Magnetfeldes vertikal gerichtet (ϑ = const). Dies ist für alle ρ der Fall bei $\varphi = 45°, 135°, 225°$ und $315°$. Dort wo H_y verschwindet, ist die magnetische Polarisationsebene horizontal (y = const), nämlich bei $y = 0°, 90°, 180°$ und $270°$.

Im allgemeinen hängt sowohl die Polarisationsebene des Magnetfeldes als auch die Gestalt der Feldellipsen von den Ortskoordinaten ρ, φ und von den Modellkonstanten R_a und ϑ ab. Da die x-Komponente für ein induzierendes Feld konstanter Richtung ϑ bei $\varphi = 0°$ und $180°$ mit wachsendem R_a abnimmt, bei $\varphi = 90°$ und $270°$ jedoch zunimmt, wird im ersten Fall die longitudinale Richtung, im zweiten Fall die transversale Richtung mit wachsendem R_a für das Magnetfeld bevorzugt. Die räumliche Verteilung des gesamten Magnetfeldes kann also in erster Näherung qualitativ beschrieben werden durch eine zunehmende Anschmiegung der Feldellipsen an den Zylinder und gleichzeitig zunehmende elliptische Polarisation (horizontal) bei Annäherung an den Zylinder in der Ebene $y = 0$ und durch eine anschließende schraubenförmige Bewegung der Feldellipsen um die Richtung des induzierenden Feldes mit wachsendem φ.

Die bisher benutzten Koordinatensysteme waren jeweils fest mit dem Zylinder verbunden. Die einzelnen Komponenten des gesamten Magnetfeldes ergaben sich damit in besonders einfacher Form. Bei experimentellen Modellversuchen zur elektromagnetischen Induktion in räumlichen Leitern ist es aus meßtechnischen Gründen oftmals günstiger, ein fest mit dem induzierenden Feld verbundenes Koordinatensystem zu wählen. Die gemessenen Magnetfeldkomponenten lassen sich jedoch unschwer auf das hier benutzte x, y, z - oder ρ, φ, z - System umrechnen und mit den theoretischen Ergebnissen vergleichen (SPITTA [16] Abschnitt 7. 3).

§ 12. Die Stromverteilung

Die im Innern des leitenden Zylinders induzierten Ströme haben bei transversalem induzierenden Feld (§ 7) nur eine z-Komponente, bei longitudinalem induzierenden Feld (§ 10) hingegen nur eine φ-Komponente. Nach (7. 2) mit (12. 3) und (10. 1) ergibt sich deshalb für die nicht verschwindenden Komponenten der Stromdichte bei einem um den Winkel ϑ gegen die positive x-Achse gedrehten homogenen induzierenden Feld $\mathfrak{H}_o$ (Abb. 26):

$$j_z = \alpha H_o \cos\vartheta \, \frac{2\sqrt{-i} \, J_1(\sqrt{-i}\alpha\rho)}{J_o(\sqrt{-i}\alpha a)} \sin\varphi \, , \qquad (1)$$

$$j_\varphi = \alpha H_o \sin\vartheta \, \frac{\sqrt{-i} \, J_1(\sqrt{-i}\alpha\rho)}{J_o(\sqrt{-i}\alpha a)} \, . \qquad (2)$$

Die gesamte Stromdichte beträgt

$$j = \alpha H_o \, \frac{\sqrt{-i} \, J_1(\sqrt{-i}\alpha\rho)}{J_o(\sqrt{-i}\alpha a)} \sqrt{4\cos^2\vartheta \sin^2\varphi + \sin^2\vartheta} \, . \qquad (3)$$

Sie ist bei gegebenen Modellkonstanten und festem ρ eine Funktion von φ mit je einem Maximum bei $\varphi = 90°$ und $270°$ und einem Minimum bei $\varphi = 0°$ und $180°$. Über Polarisation und Richtung des Stromfeldes lassen sich wiederum Aussagen machen bei Betrachtung der kartesischen Komponenten:

$$j_x = -j_\varphi \sin\varphi = -\alpha H_o \sin\vartheta \, \frac{\sqrt{-i} \, J_1(\sqrt{-i}\alpha\rho)}{J_o(\sqrt{-i}\alpha a)} \sin\varphi \, , \qquad (4)$$

$$j_y = j_\varphi \cos\varphi = \alpha H_o \sin\vartheta \, \frac{\sqrt{-i} \, J_1(\sqrt{-i}\alpha\rho)}{J_o(\sqrt{-i}\alpha a)} \cos\varphi \, . \qquad (5)$$

Aus diesen Gleichungen, zusammen mit (1), ist ersichtlich, daß alle drei Stromkomponenten j_x, j_y, j_z an einem festen Ort die gleiche Phase haben. Daraus folgt, daß das Stromfeld im gesamten Zylinder linear polarisiert ist. Der Stromvektor vollführt überall während jeder Periode eine lineare Schwingung.

Für den Richtungswinkel ϑ_j des Stromdichtevektors, gemessen von der positiven x-Achse aus (Abb. 27), gilt an einem beliebigen Ort nach (1) und (4)

$$\operatorname{tg} \vartheta_j = \frac{j_z}{j_x} = -2 \operatorname{ctg} \vartheta = 2 \operatorname{tg}(90^\circ + \vartheta) \quad . \tag{6}$$

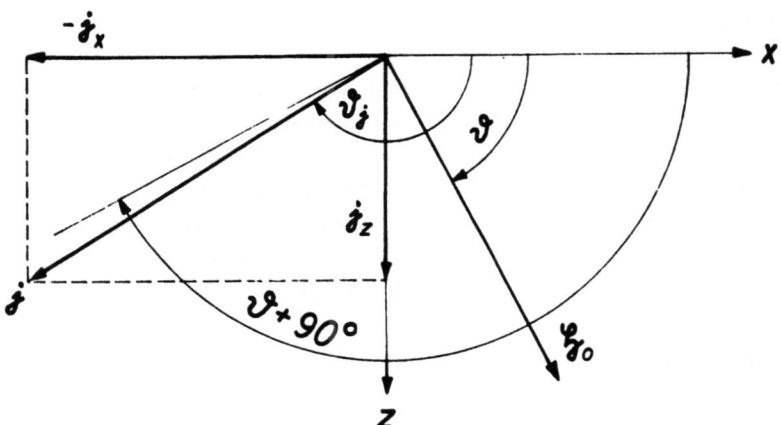

Abb. 27: Richtungswinkel ϑ_j der Induktionsströme (Projektion auf eine Ebene y = const).

Er ist nur von der Richtung des induzierenden Feldes abhängig, nicht von ρ und φ. Die Induktionsströme fließen überall in Vertikalebenen ϑ_j = const, ihre Projektionen auf die x, z-Ebene sind parallele gerade Linien.

Die Ebenen der Induktionsströme sind jedoch nach Gleichung (6) um einen kleineren Winkel aus der z-Richtung abgelenkt als das induzierende Feld aus der x-Richtung(Abb. 27). Induzierendes Feld und Stromebenen stehen also, außer im Falle rein transversalen oder longitudinalen induzierenden Feldes, im allgemeinen nicht senkrecht aufeinander. Die Induktionsströme besitzen in gewissem Sinne eine longitudinale Vorzugsrichtung. Sie steht im Zusammenhang mit der transversalen Vorzugsrichtung für das Magnetfeld in den Bereichen $45^\circ < \varphi < 135^\circ$ und $225^\circ < \varphi < 315^\circ$ (vgl. S. 47/48).

V. Induzierende elektrische Felder

§ 13. Spezielle Lösung für das magnetische Vektorpotential $\mathfrak{A}$

Bei der Herleitung der allgemeinen Lösung für das magnetische Vektorpotential $\mathfrak{A}$ (§ 3) wurde dieses als Funktion der beiden Variablen ρ und φ betrachtet. Werte von $m \geqq 1$ des Parameters m in den Differentialgleichungen (3. 5) und (3. 6) entsprachen dabei einem äußeren, induzierenden Magnetfeld, das transversal zum leitenden Zylinder gerichtet war. Näher untersucht und ausführlich diskutiert wurde sodann (Kap. II) der dem Wert m = 1 entsprechende einfachste Fall eines induzierenden homogenen Magnetfeldes. Wie bereits erwähnt, führt jedoch auch der Wert m = 0 in den gekoppelten Differentialgleichungen zu einer reellen Lösung für das Vektorpotential A. Es ist in diesem Falle nach (3. 6) wegen der zu fordernden Eindeutigkeit von A nicht mehr von φ abhängig, beschreibt also ein rotationssymmetrisches Feld. Aus (3. 5) mit m = 0 ergeben sich für A im Innen- und Außenraum des Zylinders die Lösungen

$$A = \begin{cases} C_o J_o(\sqrt{-i}\,\alpha\rho) & ; \rho \leqq a \\ \mathcal{E}_o + J_o \ln \rho & ; \rho > a \end{cases} \tag{1}$$

Die einzig nicht verschwindenden Komponenten des magnetischen und elektrischen Feldes sind damit nach (3. 2) und (3. 3) bei konstanter Permeabilität μ

§ 13 — 50 —

$$H_\varphi = \begin{cases} C_o \sqrt{-i}\,\alpha\, J_1(\sqrt{-i}\,\alpha\rho) & ; \rho \leq a \\ -\mathcal{J}_o\, \rho^{-1} & ; \rho > a \end{cases} \quad , \tag{2}$$

$$E_z = \begin{cases} -i\omega\mu\, C_o\, J_o(\sqrt{-i}\,\alpha\rho) & ; \rho \leq a \\ -i\omega\mu(\mathcal{E}_o + \mathcal{J}_o \ln \rho) & ; \rho > a \end{cases} \quad . \tag{3}$$

Von den beiden Konstanten $\mathcal{E}_o$ und $\mathcal{J}_o$ ist lediglich der zu $\mathcal{E}_o$ gehörige Teil des Potentials A (hier identisch mit $\mathcal{E}_o$) im gesamten Außenraum des Zylinders regulär. Er beschreibt demnach das äußere, induzierende Feld, im vorliegenden speziellen Fall ein homogenes elektrisches Feld der Feldstärke $E_o = -i\omega\mu\,\mathcal{E}_o$, das longitudinal zum Zylinder gerichtet ist. Es ist mithin als gegeben anzusehen. Die beiden übrigen Konstanten C_o und $\mathcal{J}_o$ sind wieder über die Grenzbedingungen an der Zylinderoberfläche zu bestimmen. Sie fordern den stetigen Übergang von H_φ und E_z, hier also des gesamten magnetischen und elektrischen Feldes. Man erhält für C_o und $\mathcal{J}_o$ die Bestimmungsgleichungen

$$C_o \sqrt{-i}\,\alpha\, J_1(\sqrt{-i}\,\alpha a) = -\mathcal{J}_o\, a^{-1} \quad , \tag{4}$$

$$C_o\, J_o(\sqrt{-i}\,\alpha a) = \mathcal{E}_o + \mathcal{J}_o \ln a \quad . \tag{5}$$

Aus ihnen ergibt sich

$$C_o = \frac{1}{J_o(\sqrt{-i}\,\alpha a) + \ln a\; \sqrt{-i}\,\alpha a\, J_1(\sqrt{-i}\,\alpha a)}\, \mathcal{E}_o \quad , \tag{6}$$

$$\mathcal{J}_o = \frac{-\sqrt{-i}\,\alpha a\, J_1(\sqrt{-i}\,\alpha a)}{J_o(\sqrt{-i}\,\alpha a) + \ln a\; \sqrt{-i}\,\alpha a\, J_1(\sqrt{-i}\,\alpha a)}\, \mathcal{E}_o \quad . \tag{7}$$

Damit erhält man für magnetisches und elektrisches Feld innerhalb und außerhalb des leitenden Zylinders nach (2) und (3) die Lösungen

$$H_\varphi = \begin{cases} \dfrac{\sqrt{-i}\,\alpha a\, J_1(\sqrt{-i}\,\alpha\rho)}{J_o(\sqrt{-i}\,\alpha a) + \ln a\; \sqrt{-i}\,\alpha a\, J_1(\sqrt{-i}\,\alpha a)}\, \mathcal{E}_o & ; \rho \leq a \\[1em] \dfrac{\sqrt{-i}\,\alpha a\, J_1(\sqrt{-i}\,\alpha a)\, \rho^{-1}}{J_o(\sqrt{-i}\,\alpha a) + \ln a\; \sqrt{-i}\,\alpha a\, J_1(\sqrt{-i}\,\alpha a)}\, \mathcal{E}_o & ; \rho \geq a \end{cases} \tag{8}$$

$$E_z = \begin{cases} \dfrac{-i\omega\mu\, J_o(\sqrt{-i}\,\alpha\rho)}{J_o(\sqrt{-i}\,\alpha a) + \ln a\; \sqrt{-i}\,\alpha a\, J_1(\sqrt{-i}\,\alpha a)}\, \mathcal{E}_o & ; \rho \leq a \\[1em] -i\omega\mu\left[1 - \dfrac{\sqrt{-i}\,\alpha a\, J_1(\sqrt{-i}\,\alpha a)\, \ln\rho}{J_o(\sqrt{-i}\,\alpha a) + \ln a\; \sqrt{-i}\,\alpha a\, J_1(\sqrt{-i}\,\alpha a)}\right] \mathcal{E}_o & ; \rho \geq a \end{cases} \tag{9}$$

Wählt man als Längeneinheit für ρ den Zylinderradius a, d. h. betrachtet man jeweils an Stelle der wahren Entfernung ρ die relative Entfernung ρ/a, wie es bisher bei der graphischen Darstellung sämtlicher Induktionskurven geschehen ist, so fallen in (8) und (9) die Glieder mit $\ln a$ fort, und die Lösungen für H_φ und E_z vereinfachen sich zu:

$$H_\varphi = \begin{cases} \dfrac{\sqrt{-i}\,\alpha\, J_1(\sqrt{-i}\,\alpha\rho)}{J_0(\sqrt{-i}\,\alpha a)}\, \mathcal{E}_o & ;\ \rho \leqq a\ , \\[2ex] \dfrac{\sqrt{-i}\,\alpha a\, J_1(\sqrt{-i}\,\alpha a)\,\rho^{-1}}{J_0(\sqrt{-i}\,\alpha a)}\, \mathcal{E}_o & ;\ \rho \geqq a\ , \end{cases} \qquad (10)$$

$$E_z = \begin{cases} \dfrac{-i\omega\mu\, J_0(\sqrt{-i}\,\alpha\rho)}{J_0(\sqrt{-i}\,\alpha a)}\, \mathcal{E}_o & ;\ \rho \leqq a\ , \\[2ex] -i\omega\mu\left[1 - \dfrac{\sqrt{-i}\,\alpha a\, J_1(\sqrt{-i}\,\alpha a)\, \ln\rho}{J_0(\sqrt{-i}\,\alpha a)}\right]\mathcal{E}_o & ;\ \rho \geqq a\ . \end{cases} \qquad (11)$$

Es läßt sich zeigen, daß die verschiedenartigen ρ-Abhängigkeiten von H_φ und E_z sowohl innerhalb als auch außerhalb des Zylinders die einzig möglichen sind, die nach dem Induktionsgesetz miteinander verträglich sind. Für eine rechteckige Integrationsfläche in einer Ebene durch die Zylinderachse folgt nämlich mit (10) für die zeitliche Flußänderung pro Längeneinheit des Zylinders

$$\dot{\Phi} = \iint \dot{\mathcal{B}}\, df \sim \begin{cases} \int J_1(\sqrt{-i}\,\alpha\rho)\, d\rho \sim J_0(\sqrt{-i}\,\alpha\rho) & ;\ \rho \leqq a\ , \\[1.5ex] \int \dfrac{1}{\rho}\, d\rho = \ln\rho & ;\ \rho \geqq a\ . \end{cases} \qquad (12)$$

Da für das zugehörige Randintegral gilt

$$\int \mathcal{E}\, d\ell \sim E_z(\rho)\ , \qquad (13)$$

kann das elektrische Feld - abgesehen von einer in jedem Fall zulässigen additiven Konstanten - nur von der Form sein

$$E_z \sim \begin{cases} J_0(\sqrt{-i}\,\alpha\rho) & ;\ \rho \leqq a\ , \\ \ln\rho & ;\ \rho \geqq a\ . \end{cases} \qquad (14)$$

Die Gleichungen (10), (11) stellen die Lösungen für magnetisches und elektrisches Feld in komplexer Form dar. Die reelle Lösung für sinusförmige Erregung des induzierenden Feldes stellt jeweils der Imaginärteil des komplexen Ausdrucks dar, unter Berücksichtigung des Faktors $e^{i\omega t}$ für die harmonische Zeitabhängigkeit. Zieht man aus der reellen Form für das Magnetfeld αE_o als Amplitudenfaktor heraus, so lassen sich räumliche Verteilung und zeitliche Änderung sowie die Abhängigkeit des Magnetfeldes vom Zylinderradius wiederum darstellen durch dimensionslose Induktionsfunktionen der numerischen Entfernung $R_\rho = \sqrt{\sigma\mu\omega}\,\rho$ bei festem numerischen Radius $R_a = \sqrt{\sigma\mu\omega}\,a$. Sie werden veranschaulicht durch eine Schar von Induktionskurven mit dem Parameter R_a, aufgetragen jeweils über der relativen Entfernung ρ/a.

Ein Vergleich der Formel (10) mit den Gleichungen (10. 1) und (10. 9) ergibt, daß die Induktionsfunktionen des Magnetfeldes bei einem induzierenden longitudinalen elektrischen Feld innerhalb und außerhalb des Zylinders identisch sind mit den entsprechenden Induktionsfunktionen des elektrischen Feldes bei einem induzierenden longitudinalen magnetischen Feld, multipliziert mit der Leitfähigkeit σ des Zylinders. Im Innern des Zylinders sind dieses gerade die Induktionsfunktionen der Stromdichte j_φ:

§ 13

$$H_\varphi = \alpha \mathcal{E}_o \left\{ C_j^{\sin} \sin\omega t + C_j^{\cos} \cos\omega t \right\}$$

$$= \alpha \mathcal{E}_o \cdot C_j \cdot \sin(\omega t + \psi_j) \qquad ; \rho \leqq a \quad . \tag{15}$$

Der Zusammenhang zwischen C_j und ψ_j einerseits und $C_j^{\sin}$, $C_j^{\cos}$ andererseits ist dabei wieder gegeben durch die Beziehungen (10. 4) und (10. 5). Das Magnetfeld im Innen- und Außenraum des Zylinders wird also für den vorliegenden speziellen Fall bei festen Konstanten σ, μ, ω ebenfalls beschrieben durch die Induktionskurven der Abb. 14-16, 19 u. 24, wobei in den Abb. 14 und 16 jeweils der rechte und in Abb. 19 der obere Ordinatenmaßstab gilt. Das in den §§ 7 und 10 diskutierte Verhalten der Kurven gilt sinngemäß auch hier. Für die wahren Amplituden des Magnetfeldes ist lediglich ein anderer Amplitudenfaktor zu berücksichtigen.

Eine ähnliche Analogie besteht zwischen dem elektrischen Feld bzw. der Stromverteilung innerhalb des Zylinders beim induzierenden **elektrischen** Feld und dem Magnetfeld beim induzierenden **magnetischen** Feld, jeweils longitudinal zum Zylinder. Wie aus einem Vergleich von (11) und (9. 1) hervorgeht, unterscheiden sich die komplexen Lösungen beider im Bereich $\rho \leqq a$, abgesehen von den gegebenen Größen $\mathcal{E}_o$ und H_o für die induzierenden Felder, lediglich durch einen imaginären Faktor $-i\omega\mu$ bzw. $-i\alpha^2$. Dieser führt sowohl zu einem anderen Amplitudenfaktor in den wahren Feldstärken als auch zu einer um $\pi/2$ stärkeren Phasenverzögerung von elektrischem Feld und Stromdichte gegenüber dem induzierenden elektrischen Feld als zwischen Magnetfeld und induzierendem magnetischen Feld. Die Darstellung der reellen Lösung für das elektrische Feld im vorliegenden Fall durch die Induktionsfunktionen $C_z^{\sin}$ und $C_z^{\cos}$ der Gestalt (9. 3) ist demnach möglich in der Form

$$E_z = \omega\mu \mathcal{E}_o \left\{ C_z^{\cos} \sin\omega t - C_z^{\sin} \cos\omega t \right\} \qquad ; \rho \leqq a \quad . \tag{16}$$

Die Bilder der Induktionsfunktionen $C_z^{\sin}$ und $C_z^{\cos}$ sind dabei die gleichen wie in Abb. 20. Für die Stromdichte im Innern des Zylinders ergibt sich

$$j_z = \alpha^2 \mathcal{E}_o \left\{ C_z^{\cos} \sin\omega t - C_z^{\sin} \cos\omega t \right\} \qquad ; \rho \leqq a \quad . \tag{17}$$

Um bei der Darstellung der Stromdichte nach Amplituden-Induktionswert C_z und Phase ψ_z neben der Beziehung (9. 8) zwischen C_z und $C_z^{\sin}$, $C_z^{\cos}$ auch die Beziehung zwischen ψ_z und $C_z^{\sin}$, $C_z^{\cos}$ in der Form (9. 9) beibehalten zu können, wird die zusätzliche Phasenverzögerung um $\frac{\pi}{2}$ gesondert berücksichtigt:

$$j_z = \alpha^2 \mathcal{E}_o \cdot C_z \sin(\omega t + \psi_z - \tfrac{\pi}{2}) \qquad ; \rho \leqq a \quad . \tag{18}$$

Die Amplituden- und Phasen-Induktionskurven für die Stromdichte bei induzierendem elektrischen Feld sind dann wiederum die gleichen wie diejenigen für das Magnetfeld bei induzierendem magnetischen Feld (Abb. 21 - 23). Allerdings sind auch hier für die wahren Amplituden der Stromdichte noch die verschiedenen Amplitudenfaktoren, insbesondere der Faktor α^2, zu berücksichtigen. Infolgedessen braucht das Verhalten von Stromdichte und Magnetfeld in den beiden analogen Fällen für extrem große oder kleine Werte von σ, μ und ω nicht mehr notwendig übereinzustimmen.

Die in diesem Paragraphen aufgedeckten Analogien zwischen den induzierten Feldern sind zusammengefaßt in Tab. 2. Sie sind eine Folge der den analogen Vektorpotentialen $\mathcal{A}$ und $\mathcal{F}$ entsprechenden analogen induzierenden Felder $\mathcal{E}$ und $\mathcal{H}$ und der Symmetrie in den Lösungen beider Potentiale. Zwischen E_z und H_z außerhalb des Zylinders tritt im vorliegenden Fall eine derartige Analogie nicht auf. Die Ursache hierfür ist letztlich die Vernachlässigung wohl der Verschiebungsströme $\mathcal{D}$ in Gleichung (2. 2), nicht aber des ihnen entsprechenden Gliedes $\mathcal{B}$ in Gleichung (2. 1). In den Gleichungen (2. 1-6) ist wohl die Größe $i\omega\varepsilon$ vernachlässigt worden, nicht aber $i\omega\mu$. Obwohl man in beiden behandelten Fällen bei Berücksichtigung der Verschiebungsströme eine andere Lösung im Außenraum erhält (die zweiten der Gleichungen (3. 4) und (8. 4) werden inhomogen), kann in diesem Sinne eine analoge Übertragung von E_z auf H_z auch im Außenraum als ein erster Schritt zur Berücksichtigung der Verschiebungsströme angesehen werden (vgl. § 16).

induzierendes Feld	longitud. magnet. Feld	longitud. elektr. Feld	Analogie gilt im Bereich
Vektorpotential	$F_z(\rho)$	$A_z(\rho)$	
entsprechende Größen	σE_φ	H_φ	$\rho \gtreqless a$
	H_z	$\begin{cases} -\dfrac{1}{i\omega\mu} E_z \\ -\dfrac{1}{i\alpha^2} j_z \end{cases}$	$\rho \leqq a$

<u>Tab. 2:</u> Einander entsprechende Größen bei einem longitudinalen elektrischen und magnetischen induzierenden Feld im quasistationären Fall.

§ 14. Allgemeine Lösung für das elektrische Vektorpotential $\mathcal{F}$

Die Analogie in den Feldern, die durch die speziellen Vektorpotentiale $A_z(\rho)$ und $F_z(\rho)$ beschrieben werden, legt es nahe, auch die dem allgemeinen longitudinalen (zweidimensionalen) Vektorpotential $F_z(\rho, \varphi)$ entsprechenden Felder zu berechnen und auf ihre Analogie zu den Lösungen bei transversalem induzierenden Magnetfeld (Beschreibung mit $A_z(\rho, \varphi)$, § 3) zu untersuchen.

Das elektrische Vektorpotential habe also jetzt die Form

$$F_\rho = F_\varphi = 0 \quad , \quad F_z = F(\rho, \varphi) \quad . \tag{1}$$

Nach (2. 3, 4) lassen sich damit die Komponenten des elektrischen und des magnetischen Feldes im quasistationären Fall ausdrücken durch

$$\left.\begin{array}{l} E_\rho = -\dfrac{1}{\rho}\dfrac{\partial F}{\partial \varphi} \\ E_\varphi = \dfrac{\partial F}{\partial \rho} \\ E_z = 0 \end{array}\right\} \quad (2) \quad , \quad \left.\begin{array}{l} H_\rho = H_\varphi = 0 \\ H_z = -\sigma F \end{array}\right\} \quad . \tag{3}$$

Durch das Vektorpotential der Form (1) werden also, wie auch durch $F_z(\rho)$ (vgl. § 8), ein transversales elektrisches und ein longitudinales magnetisches Feld beschrieben. Da das induzierende Feld wirbelfrei sein soll, ein longitudinales wirbelfreies Feld aber notwendig homogen und damit unabhängig von φ ist, kommt für den gegebenen Fall als induzierendes Feld nur ein transversales elektrisches Feld in Frage. Der in § 8 behandelte Spezialfall wird in diesem Paragraphen aus der allgemeinen Lösung ausgeschlossen.

Die Berechnung von F erfolgt parallel derjenigen von A (§ 3) aus je einer partiellen Differentialgleichung für den Innen- und Außenraum des Zylinders:

$$\Delta F = \begin{cases} i\sigma\mu\omega F = i\alpha^2 F & ; \rho \leqq a \quad , \\ 0 & ; \rho > a \quad . \end{cases} \tag{4}$$

§ 14

Man erhält die allgemeine Lösung für das gesamte Potential F jeweils in Form einer Summe aller Partikulärlösungen:

$$F = \begin{cases} \sum_{m=1}^{\infty} C_m J_m(\sqrt{-i}\alpha\rho) \sin(m\varphi + \beta_m) & ; \quad \rho \leq a \\ \sum_{m=1}^{\infty} (\mathcal{E}_m \rho^m + \mathcal{J}_m \rho^{-m}) \sin(m\varphi + \gamma_m) & ; \quad \rho > a \end{cases} \quad (5)$$

Die Glieder für m = 0 , die formal auch Lösungen von (4) darstellen, sind aus den genannten Gründen hierbei ausgeschlossen. Für ρ > a stellt der erste Teil des gesamten Potentials (Glieder mit $\mathcal{E}_m$) das äußere, induzierende elektrische Feld dar. Das zu dem zweiten Teil (Glieder mit $\mathcal{J}_m$) gehörige elektrische Feld ist ein durch das Magnetfeld der im Innern des Zylinders fließenden Ströme induziertes Wirbelfeld.

Mit (5) lassen sich die nicht verschwindenden Komponenten des elektrischen und magnetischen Feldes innerhalb und außerhalb des Zylinders ausdrücken durch

$$\left.\begin{aligned} E_\rho &= -\sum_{m=1}^{\infty} C_m \frac{m}{\rho} J_m(\sqrt{-i}\alpha\rho) \cos(m\varphi + \beta_m) \\ E_\varphi &= \sum_{m=1}^{\infty} C_m \frac{d}{d\rho} J_m(\sqrt{-i}\alpha\rho) \sin(m\varphi + \beta_m) \\ H_z &= -\sigma \sum_{m=1}^{\infty} C_m J_m(\sqrt{-i}\alpha\rho) \sin(m\varphi + \beta_m) \end{aligned}\right\} \rho \leq a \quad , \quad (6)$$

$$\left.\begin{aligned} E_\rho &= -\sum_{m=1}^{\infty} m(\mathcal{E}_m \rho^{m-1} + \mathcal{J}_m \rho^{-m-1}) \cos(m\varphi + \gamma_m) \\ E_\varphi &= \sum_{m=1}^{\infty} m(\mathcal{E}_m \rho^{m-1} - \mathcal{J}_m \rho^{-m-1}) \sin(m\varphi + \gamma_m) \\ H_z &= 0 \end{aligned}\right\} \rho > a \quad . \quad (7)$$

Das Verschwinden des gesamten Magnetfeldes im Außenraum des Zylinders folgt dabei gemäß (3) oder (2. 4) aus dem Verschwinden der Leitfähigkeit und der Vernachlässigung der Verschiebungsströme. Aus dem stetigen Übergang der tangentialen Komponente H_z des Magnetfeldes an der Oberfläche des Zylinders folgt weiterhin nach (6) das Verschwinden des gesamten elektrischen und magnetischen Feldes in seinem Innern. Der stetige Übergang der tangentialen Komponente E_φ des elektrischen Feldes ergibt aus der zweiten Gleichung (7)

$$\mathcal{J}_m = a^{2m} \mathcal{E}_m \; ; \; m = 1, 2, \ldots \quad (8)$$

Da E_φ überall auf der Zylinderoberfläche verschwindet, münden die elektrischen Feldlinien an jeder Stelle senkrecht in den Zylinder ein. Sie enden in den auf dem Zylindermantel influenzierten Ladungen, deren Flächendichte gemäß der ersten Gleichung (7) mit dem Winkel φ variiert.

Wenn in Gleichung (5) sämtliche Konstanten $\mathcal{E}_m$ für $m \geq 2$ verschwinden, nimmt das Potential $F^\mathcal{E}$ des äußeren, induzierenden Feldes die Form an

$$F^\mathcal{E} = \mathcal{E}_1 \cdot \rho \cdot \sin(\varphi + \gamma_1) \quad . \quad (9)$$

Das zugehörige elektrische Feld ist für $\gamma_1 = 180°$ ein homogenes elektrisches Feld in positiver x-Richtung. Das gesamte elektrische Feld wird in diesem Fall nach (7) beschrieben durch

$$E_\rho = (1 + (\frac{a}{\rho})^2) \, \mathcal{E}_1 \cos\varphi \, ; \quad \rho > a \, , \qquad (10)$$

$$E_\varphi = -(1 - (\frac{a}{\rho})^2) \, \mathcal{E}_1 \sin\varphi \, ; \quad \rho \geq a \, . \qquad (11)$$

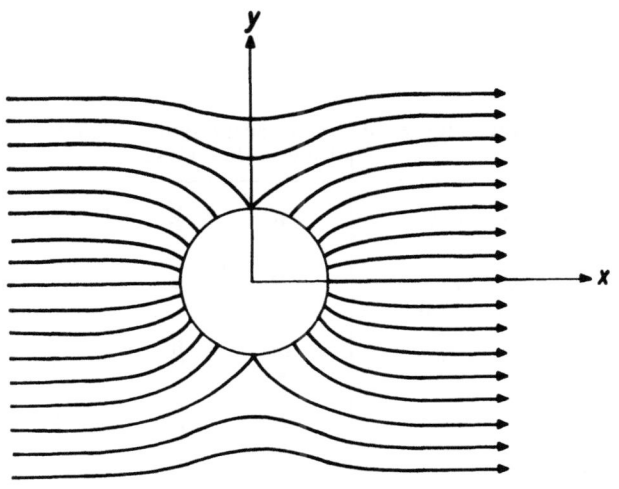

Abb. 28: Quasistatisches elektrisches Feld eines leitenden Zylinders in einem äußeren homogenen elektrischen Wechselfeld, transversal zur Zylinderachse.

Dieses Feld ist seiner Erscheinungsform nach das s t a t i s c h e Feld eines leitenden Zylinders in einem äußeren homogen elektrischen Feld (Abb. 28). Im Innern des Zylinders wird das äußere Feld durch die auf seiner Oberfläche influenzierten Ladungen in jedem Augenblick gerade aufgehoben, jedoch so, daß zu keiner Zeit irgendwelche merklichen Ströme fließen und infolgedessen auch kein Magnetfeld existiert. Der Versuch einer quasistationären Behandlung des leitenden Zylinders im transversalen elektrischen Wechselfeld führt somit zu einem q u a s i s t a t i s c h e n Ergebnis.

Die Ursache der gestörten Analogie zur Lösung beim transversalen magnetischen Wechselfeld ist wiederum in der Vernachlässigung der Verschiebungsströme zu suchen. Jedoch läßt sich eine gewisse Analogie herstellen, wenn man die den Verschiebungsströmen entsprechende Größe $i\omega\varepsilon_o$ in (2. 2) bei der Erfüllung der Grenzbedingungen für $\rho > a$ mit berücksichtigt. Anstelle der letzten Gleichung (7) erhält man dann für das Magnetfeld außerhalb des Zylinders

$$H_z = -i\omega\varepsilon_o \sum_{m=1}^{\infty} (\mathcal{E}_m \rho^m + \mathcal{J}_m \rho^{-m}) \sin(m\varphi + \gamma_m); \, \rho > a \, . \qquad (12)$$

Diese Gleichung ist von derselben Form wie die letzte der Gleichungen (3. 16) für die longitudinale Komponente E_z des elektrischen Feldes bei transversalem induzierenden Magnetfeld. Dementsprechend erhält man die Lösungen für C_m und $\mathcal{J}_m$ jetzt in der gleichen Gestalt wie (3. 19, 20) wobei lediglich die Konstanten μ_o und μ durch die Größen ε_o und $\frac{\sigma}{i\omega}$ ersetzt sind:

$$C_m = \frac{2m\,a^{m-1}}{\sqrt{-i}\,\alpha\,J_{m-1}(\sqrt{-i}\,\alpha a) + \frac{m}{a} J_m(\sqrt{-i}\,\alpha a)(\frac{\sigma}{i\omega\varepsilon_o} - 1)} \, \mathcal{E}_m \, ; \, m = 1, 2, \dots \qquad (13)$$

$$\mathcal{J}_m = \frac{\sqrt{-i}\,\alpha a \, J_{m-1}(\sqrt{-i}\,\alpha a) + m\,J_m(\sqrt{-i}\,\alpha a)(\frac{\sigma}{i\omega\varepsilon_o} + 1)}{\sqrt{-i}\,\alpha a \, J_{m-1}(\sqrt{-i}\,\alpha a) + m\,J_m(\sqrt{-i}\,\alpha a)(\frac{\sigma}{i\omega\varepsilon_o} - 1)} \, a^{2m} \, \mathcal{E}_m \, ; \, m = 1, 2, \dots \qquad (14)$$

In dem Maße, wie die Verschiebungsströme im Außenraum gegenüber den Leitungsströmen im Innenraum des Zylinders vernachlässigt werden, verschwinden die Konstanten C_m und streben die Konstanten $\mathcal{J}_m$ gegen den Grenzwert (8). Der entsprechende Fall beim transversalen Magnetfeld ist der Zylinder extrem hoher Permeabilität. Eine dem Fall durchweg konstanter Permeabilität entsprechende Lösung der Form (3. 23, 24) läßt sich jedoch aus (13) und (14) nicht ableiten, da bei einer den Leitungsströmen vergleichbaren Größenordnung der Verschiebungsströme diese nicht nur außerhalb sondern auch innerhalb des Zylinders sowie ebenfalls bei der Lösung der Wellengleichung berücksichtigt werden müssen (vgl. § 16). Eine weitgehende Analogie in den Lösungen auch von induzierenden magnetischen und elektrischen Feldern, die transversal zum Zylinder gerichtet sind, zeigt sich bei Verwendung des vollen Formalismus der Maxwellschen Gleichungen.

Bezüglich des leitenden Zylinders sind die den benutzten Vektorpotentialen a und f entsprechenden induzierenden und induzierten Felder schematisch zusammengestellt in Tab. 3. Die angegebene Richtung der Felder gilt dabei auch im streng quasistationären Fall.

Vektorpotential	Kopplungsparameter	induzierendes Feld	induzierendes und induziertes Feld (schematisch)
$A_z(\rho, \varphi)$	$m \leqq 1$	transversales Magnetfeld	$\mathcal{H}_0 \rightarrow \| \uparrow \mathcal{E}$
$A_z(\rho)$	$m = 0$	longitudinales elektr. Feld	$\mathcal{E}_0 \uparrow \| \rightarrow \mathcal{H}$
$F_z(\rho, \varphi)$	$m \geqq 1$	transversales elektr. Feld	$\mathcal{E}_0 \rightarrow \| (\uparrow \mathcal{H})$
$F_z(\rho)$	$m = 0$	longitudinales Magnetfeld	$\mathcal{H}_0 \uparrow \| \rightarrow \mathcal{E}$

Tab. 3: Schematische Darstellung der den Vektorpotentialen a und f entsprechenden induzierenden und induzierten Felder.

VI. Berücksichtigung der Verschiebungsströme

§ 15. Induktion in einem leitenden Zylinder

Wie aus den Ausführungen des Kap. V, insbesondere des § 15, hervorgeht, ist eine tiefergehende Analogie in den mit den Vektorpotentialen a und f berechneten Lösungen für elektrische und magnetische Felder zu erwarten, wenn man bei ihrer Herleitung die Verschiebungsströme berücksichtigt. Dies soll im folgenden am Beispiel des leitenden Zylinders geschehen, und zwar sowohl für longitudinale als auch für transversale induzierende magnetische und elektrische Felder. Die vorhandene Analogie wird darin zum Ausdruck gebracht, daß die jeweils entsprechenden Gleichungen in den Lösungen für a und f, sofern sie überhaupt voneinander verschieden sind, nebeneinander geschrieben werden. Da die Verschiebungsströme in allen praktisch vorkommenden Fällen im Innern eines Leiters klein gegenüber den Leitungsströmen sind, wird die ihnen entsprechende Größe $i\omega\varepsilon_0$ lediglich außerhalb des Zylinders als von Null verschieden angenommen. Dieser Fall läßt sich jedoch unschwer auf den allgemeinen Fall einer strengen Berücksichtigung der Verschiebungsströme im gesamten Raum ausdehnen, wenn man in allen Gleichungen dieses Paragraphen die Leitfähigkeit σ des Zylinders ersetzt durch eine komplexe Leitfähigkeit $\sigma^* = \sigma + i\omega\varepsilon_0$ (ε_0 = const).

In allen der behandelten Fälle lassen sich die Feldgrößen durch ein longitudinales Vektorpotential X (X = F_z oder A_z) ausdrücken, das berechnet wird aus je einer Differentialgleichung für den Innen- und Außenraum. Während es für den Innenraum die gleiche ist wie in (3. 4), (8. 4) und (14. 4), wird sie für den Außenraum jetzt inhomogen:

$$\Delta X = \begin{cases} i\sigma\mu\omega X & = i\alpha_1^2 X \; ; \; \rho \leqq a \\ -\omega^2\mu\varepsilon_0 X & = i\alpha_0^2 X \; ; \; \rho > a \end{cases} \tag{1}$$

mit $\quad \alpha_1^2 = \sigma\mu\omega \quad$ (2) $\quad$ und $\quad \alpha_0^2 = i\omega^2\mu\varepsilon_0$. $\quad$ (3)

Dementsprechend erhält man für den Innenraum wiederum die gleichen Lösungen wie in (3. 10), (8. 6), (13. 1) und (14. 5). Für den Außenraum dagegen ergibt sich die Lösung jetzt ebenfalls jeweils in Form einer Linearkombination von Bessel-Funktionen.

a) Longitudinales induzierendes Feld

Wenn das Vektorpotential X in Gleichung (1) lediglich von der Variablen ρ abhängt, so entspricht das nach dem Schema der Tab. 3 einem longitudinalen magnetischen oder elektrischen induzierenden Feld, je nachdem ob man unter X das Potential F oder A versteht. Für beide Teile erhält man als Lösung von (1)

$$X = \begin{cases} C_0 J_0(\sqrt{-i}\,\alpha_1\rho) & ; \rho \leq a \\ \mathcal{E}_0 J_0(\sqrt{-i}\,\alpha_0\rho) + \mathcal{J}_0 N_0(\sqrt{-i}\,\alpha_0\rho) & ; \rho > a \end{cases} \quad (4)$$

Da die Funktion $J_0(z)$ für reelle z im gesamten Raum regulär ist, $N_0(z)$ dagegen nur für $z > z_0$ mit $z_0 > 0$, stellt der erste Term in der zweiten Gleichung (4) wiederum das Potential des äußeren, induzierenden Feldes dar, der zweite Term den "inneren Anteil" als Folge der Induktion im Zylinder. Allerdings hat der äußere, induzierende Anteil jetzt nicht mehr die Form eines räumlich homogenen Feldes; ein solches Feld würde nicht der Gleichung (1) für $\rho > a$ genügen. Vielmehr hat bei nicht zu vernachlässigenden Verschiebungsströmen der induzierende Anteil die Form einer stehenden elektromagnetischen Welle. Er besteht aus sowohl einem elektrischen als auch einem magnetischen Wechselfeld, von denen jedoch hier das longitudinale Feld als das primär durch äußere Quellen gegebene Feld angesehen wird. Die Vernachlässigung der Verschiebungsströme entspricht dabei einer unendlich großen Wellenlänge dieser induzierenden elektromagnetischen Welle.

Die Komponenten des elektrischen und des magnetischen Feldes können nach (2. 3, 4) bzw. (2. 5, 6) innerhalb und außerhalb des Zylinders ausgedrückt werden durch das Vektorpotential (4), und zwar in der Form

für X = F (longitudinales Magnetfeld):

$$H_\rho = H_\varphi = 0$$
$$H_z = \begin{cases} -\sigma F & ; \rho \leq a \\ -i\omega\varepsilon_0 F & ; \rho > a \end{cases} \quad (5)$$

$$E_\rho = E_z = 0$$
$$E_\varphi = \frac{\partial F}{\partial \rho} \quad (7)$$

für X = A (longitudinales elektrisches Feld):

$$E_\rho = E_\varphi = 0$$
$$E_z = \begin{cases} -i\omega\mu A & ; \rho \leq a \\ -i\omega\mu_0 A & ; \rho > a \end{cases} \quad (6)$$

$$H_\rho = H_z = 0$$
$$H_\varphi = -\frac{\partial A}{\partial \rho} \quad (8)$$

Die Konstante $\mathcal{E}_0$ in (4) ist als kennzeichnende Größe für die induzierenden Felder gegeben, C_0 und $\mathcal{J}_0$ müssen aus den Grenzbedingungen an der Zylinderoberfläche bestimmt werden. Sie verlangen die Stetigkeit der tangentialen Feldkomponenten

$\quad H_z$ und E_φ , $\quad\quad\quad\quad\quad\quad\quad E_z$ und H_φ , also nach (4) des gesamten elektrischen und magnetischen Feldes für $\rho = a$. Man erhält aus den Grenzbedingungen

$$\sigma C_0 J_0(\sqrt{-i}\,\alpha_1 a) = i\omega\varepsilon_0 \left[\mathcal{E}_0 J_0(\sqrt{-i}\,\alpha_0 a) + \mathcal{J}_0 N_0(\sqrt{-i}\,\alpha_0 a)\right], \tag{9}$$

$$\sqrt{-i}\,\alpha_1 C_0 J_1(\sqrt{-i}\,\alpha_1 a) = \sqrt{-i}\,\alpha_0 \left[\mathcal{E}_0 J_1(\sqrt{-i}\,\alpha_0 a) + \mathcal{J}_0 N_1(\sqrt{-i}\,\alpha_0 a)\right], \tag{11}$$

aus denen sich die Beziehungen zwischen C_0 und $\mathcal{J}_0$ einerseits und $\mathcal{E}_0$ andererseits ergeben zu

$$C_0 = \frac{2/\pi}{\sqrt{-i}\,\alpha_1 a\, N_0(\sqrt{-i}\,\alpha_0 a)J_1(\sqrt{-i}\,\alpha_1 a) - \frac{\sigma}{i\omega\varepsilon_0}\sqrt{-i}\,\alpha_0 a\, N_1(\sqrt{-i}\,\alpha_0 a)J_0(\sqrt{-i}\,\alpha_1 a)}\,\mathcal{E}_0, \tag{13}$$

$$\mathcal{J}_0 = -\frac{\sqrt{-i}\,\alpha_1 a\, J_0(\sqrt{-i}\,\alpha_0 a)J_1(\sqrt{-i}\,\alpha_1 a) - \frac{\sigma}{i\omega\varepsilon_0}\sqrt{-i}\,\alpha_0 a\, J_1(\sqrt{-i}\,\alpha_0 a)J_0(\sqrt{-i}\,\alpha_1 a)}{\sqrt{-i}\,\alpha_1 a\, N_0(\sqrt{-i}\,\alpha_0 a)J_1(\sqrt{-i}\,\alpha_1 a) - \frac{\sigma}{i\omega\varepsilon_0}\sqrt{-i}\,\alpha_0 a\, N_1(\sqrt{-i}\,\alpha_0 a)J_0(\sqrt{-i}\,\alpha_1 a)}\,\mathcal{E}_0. \tag{15}$$

Die Funktionen C_0 und $\mathcal{J}_0$, deren analoger Bau in beiden Fällen evident ist, hängen lediglich von den Konstanten des vorliegenden Modells ab. Sie hängen **nicht** ab von der Entfernung ρ und der Zeit t. Sowohl die räumliche Verteilung als auch die zeitliche Änderung der nach den Gleichungen (5) - (8) einander entsprechenden Felder im Innenraum des Zylinders sowie der **induzierten** Feldanteile im Außenraum ist deshalb in beiden Fällen die gleiche. Im Vektorpotential (4) für $\rho > a$ bezieht sich die Analogie hierbei nur auf den "inneren Anteil". Zwar sind ebenfalls die induzierenden Felder einander analog, sie werden für die meisten Fragestellungen sogar in analoger Form gegeben. Ihre Zusammensetzung kann jedoch, da Phase und Amplitude des induzierten Feldes in beiden Fällen verschieden sein können, zu einer verschiedenen räumlichen Verteilung des **Gesamtfeldes** führen.

induzierendes Feld	longitud. Magnetfeld	transvers. elektr. Feld	longitud. elektr. Feld	transvers. Magnetfeld	Analogie gilt im Bereich
Vektorpotential	$F_z(\rho)$	$F_z(\rho,\varphi)$	$A_z(\rho)$	$A_z(\rho,\varphi)$	
entsprechende Größen	$\mathcal{E}$	$-\mathcal{J}$			$\rho \leq a$ allgemein
	$\mathcal{J}$	$\mathcal{E}$			$\rho > a$ bezüglich des inneren Anteils
	σ			$i\omega\mu$	$\rho \leq a$
	ε_0			μ_0	$\rho > a$

Tab. 4: Einander entsprechende Größen bei magnetischen und elektrischen induzierenden Feldern mit Berücksichtigung der Verschiebungsströme.

jeweils zwei Bestimmungsgleichungen,

$$i\omega\mu C_o \, J_o(\sqrt{-i}\,\alpha_1 a) = i\omega\mu_o \left[\mathcal{E}_o \, J_o(\sqrt{-i}\,\alpha_o a) + \mathcal{J}_o \, N_o(\sqrt{-i}\,\alpha_o a) \right] , \qquad (10)$$

$$\sqrt{-i}\,\alpha_1 \, C_o \, J_1(\sqrt{-i}\,\alpha_1 a) = \sqrt{-i}\,\alpha_o \left[\mathcal{E}_o \, J_1(\sqrt{-i}\,\alpha_o a) + \mathcal{J}_o \, N_1(\sqrt{-i}\,\alpha_o a) \right] , \qquad (12)$$

$$C_o = \frac{2/\pi}{\sqrt{-i}\,\alpha_1 a \, N_o(\sqrt{-i}\,\alpha_o a) J_1(\sqrt{-i}\,\alpha_1 a) - \frac{\mu}{\mu_o}\sqrt{-i}\,\alpha_o a \, N_1(\sqrt{-i}\,\alpha_o a) J_o(\sqrt{-i}\,\alpha_1 a)} \, \mathcal{E}_o , \qquad (14)$$

$$\mathcal{J}_o = - \frac{\sqrt{-i}\,\alpha_1 a \, J_o(\sqrt{-i}\,\alpha_o a) J_1(\sqrt{-i}\,\alpha_1 a) - \frac{\mu}{\mu_o}\sqrt{-i}\,\alpha_o a \, J_1(\sqrt{-i}\,\alpha_o a) J_o(\sqrt{-i}\,\alpha_1 a)}{\sqrt{-i}\,\alpha_1 a \, N_o(\sqrt{-i}\,\alpha_o a) J_1(\sqrt{-i}\,\alpha_1 a) - \frac{\mu}{\mu_o}\sqrt{-i}\,\alpha_o a \, N_1(\sqrt{-i}\,\alpha_o a) J_o(\sqrt{-i}\,\alpha_1 a)} \, \mathcal{E}_o . \qquad (16)$$

Die analogen Felder, die bei Berücksichtigung der Verschiebungsströme bei longitudinalen induzierenden Feldern bezüglich räumlicher Verteilung und zeitlicher Änderung einander entsprechen, sind zusammengestellt in Tab. 4. Die Analogie in den aufgeführten Konstanten gilt jedoch nur, sofern diese zusätzlich außerhalb der Konstantenparameter α_o und α_1 auftreten. Das ist lediglich der Fall in den Gleichungen (5) und (6) sowie in den Ausdrücken (13) - (16) für die Konstanten C_o und $\mathcal{J}_o$, zu deren Herleitung diese Gleichungen benutzt werden.

b) Transversales induzierendes Feld

Im allgemeinen hängt das Vektorpotential X in Gleichung (1) sowohl von ρ als auch von φ ab. Das entspricht nach dem Schema der Tab. 3 (S. 56) einem transversalen elektrischen oder magnetischen induzierenden Feld, je nachdem ob man unter X das Potential F oder A versteht. In beiden Fällen werden die Differentialgleichungen (1) gelöst durch eine Reihe von Bessel-Funktionen:

$$X = \begin{cases} \sum_{m=1}^{\infty} C_m \, J_m(\sqrt{-i}\,\alpha_1 \rho) \sin(m\varphi + \beta_m) & ; \rho \leq a, \\ \sum_{m=1}^{\infty} \left[\mathcal{E}_m \, J_m(\sqrt{-i}\,\alpha_o \rho) + \mathcal{J}_m \, N_m(\sqrt{-i}\,\alpha_o \rho) \right] \sin(m\varphi + \gamma_m); \rho > a. \end{cases} \qquad (17)$$

Die Glieder mit $\mathcal{E}_m$ beschreiben wieder das äußere, induzierende Feld, genauer die induzierende stehende elektromagnetische Welle, deren transversaler Feldanteil hier als das primär gegebene Feld angesehen wird.

Die Berechnung der elektrischen und magnetischen Feldkomponenten aus dem Vektorpotential der Form (1) erfolgt nach den Gleichungen

§ 15

für X = F (transversales elektrisches Feld):	für X = A (transversales magnetisches Feld):

$$H_\rho = H_\varphi = 0$$

$$H_z = \begin{cases} -\sigma F & ; \rho \leq a \\ -i\omega\varepsilon_o F & ; \rho > a \end{cases} \quad (18)$$

$$E_z = 0$$
$$E_\varphi = \frac{\partial F}{\partial \rho}$$
$$E_\rho = -\frac{1}{\rho}\frac{\partial F}{\partial \varphi} \quad (20)$$

$$E_\rho = E_\varphi = 0$$

$$E_z = \begin{cases} -i\omega\mu A & ; \rho \leq a \\ -i\omega\mu_o A & ; \rho > a \end{cases} \quad (19)$$

$$H_z = 0$$
$$H_\varphi = -\frac{\partial A}{\partial \rho}$$
$$H_\rho = \frac{1}{\rho}\frac{\partial A}{\partial \varphi} \quad (21)$$

In Gleichung (17) sind die das induzierende Feld bestimmenden Größen $\mathcal{E}_m$ (m = 1, 2 ...) gegeben. Die Konstanten C_m und $\mathcal{J}_m$ sind wieder aus den Grenzbedingungen zu berechnen, die den stetigen Übergang von

H_z und E_φ	E_z und H_φ

für ρ = a erfordern. Sie ergeben die beiden Bestimmungsgleichungen

$$\sigma C_m J_m(\sqrt{-i}\,\alpha_1 a) = i\omega\varepsilon_o \left[\mathcal{E}_m J_m(\sqrt{-i}\,\alpha_o a) + \mathcal{J}_m N_m(\sqrt{-i}\,\alpha_o a)\right], \quad (22)$$

$$C_m \left[\frac{d J_m(\sqrt{-i}\,\alpha_1 \rho)}{d\rho}\right]_{\rho=a} = \mathcal{E}_m\left[\frac{d J_m(\sqrt{-i}\,\alpha_o \rho)}{d\rho}\right]_{\rho=a} + \mathcal{J}_m\left[\frac{d N_m(\sqrt{-i}\,\alpha_o \rho)}{d\rho}\right]_{\rho=a}, \quad (24)$$

$$i\omega\mu C_m J_m(\sqrt{-i}\,\alpha_1 a) = i\omega\mu_o \left[\mathcal{E}_m J_m(\sqrt{-i}\,\alpha_o a) + \mathcal{J}_m N_m(\sqrt{-i}\,\alpha_o a)\right], \quad (23)$$

$$C_m \left[\frac{d J_m(\sqrt{-i}\,\alpha_1 \rho)}{d\rho}\right]_{\rho=a} = \mathcal{E}_m\left[\frac{d J_m(\sqrt{-i}\,\alpha_o \rho)}{d\rho}\right]_{\rho=a} + \mathcal{J}_m\left[\frac{d N_m(\sqrt{-i}\,\alpha_o \rho)}{d\rho}\right]_{\rho=a} \quad (25)$$

(m = 1, 2 ....) .

Für ein äußeres, induzierendes Feld, das durch ein Vektorpotential in der einfachsten Form,

$$F^\mathcal{E} = \mathcal{E}_1 J_1(\sqrt{-i}\,\alpha_o \rho) \sin(\varphi + \gamma_1), \quad (26)$$

beschrieben wird und das dem homogenen Feld im quasistationären Fall entspricht, erhält man:

$$C_1 = \frac{-2/\pi}{\sqrt{-i}\,\alpha_1 a\, N_1(\sqrt{-i}\,\alpha_o a) J_1'(\sqrt{-i}\,\alpha_1 a) - \frac{\sigma}{i\omega\varepsilon_o}\sqrt{-i}\,\alpha_o a\, N_1'(\sqrt{-i}\,\alpha_o a) J_1(\sqrt{-i}\,\alpha_1 a)}\, \mathcal{E}_1 ; \quad (27)$$

$$\mathcal{J}_1 = -\frac{\sqrt{-i}\,\alpha_1 a\, J_1(\sqrt{-i}\,\alpha_o a) J_1'(\sqrt{-i}\,\alpha_1 a) - \frac{\sigma}{i\omega\varepsilon_o}\sqrt{-i}\,\alpha_o a\, J_1(\sqrt{-i}\,\alpha_1 a) J_1'(\sqrt{-i}\,\alpha_o a)}{\sqrt{-i}\,\alpha_1 a\, N_1(\sqrt{-i}\,\alpha_o a) J_1'(\sqrt{-i}\,\alpha_1 a) - \frac{\sigma}{i\omega\varepsilon_o}\sqrt{-i}\,\alpha_o a\, N_1'(\sqrt{-i}\,\alpha_o a) J_1(\sqrt{-i}\,\alpha_1 a)}\, \mathcal{E}_1 . \quad (29)$$

Die Gleichungen (18) - (21) unterscheiden sich von den Gleichungen (5) - (8) nur in den nicht mehr verschwindenden Radialkomponenten E_ρ und H_ρ in (20) und (21). Beide sind im allgemeinen an der Zylinderoberfläche nicht stetig. Nur bei konstanter Permeabilität ($\mu = \mu_0$) ist die Radialkomponente H_ρ des Magnetfeldes an der Grenzfläche stetig (vgl. S. 12f.). Und nur wenn sowohl Leitfähigkeit als auch Dielektrizitätskonstante durchweg konstant sind, ist auch E_ρ stetig bei $\rho = a$.

Die Kontinuitätsgleichung im nichtstationären Fall,

$$\operatorname{div} j + \dot{\rho} = 0 \quad , \tag{31}$$

läßt sich für harmonische Zeitabhängigkeit bei Gültigkeit des Ohmschen Gesetzes in der Form schreiben

$$\operatorname{div}\left((\sigma + i\omega\varepsilon)\mathcal{E}\right) = 0 \quad . \tag{32}$$

Daraus folgt

$$\operatorname{div}\mathcal{E} = -\frac{1}{\sigma + i\omega\varepsilon}\,\mathcal{E}\operatorname{grad}(\sigma + i\omega\varepsilon) \quad . \tag{33}$$

Im Falle verschwindender Leitfähigkeit ($\sigma = 0$) und variabler Dielektrizitätskonstante ε ergibt sich hieraus eine freie Ladungsdichte

$$\rho' = \varepsilon_0 \operatorname{div}\mathcal{E} = -\frac{\varepsilon_0}{\varepsilon}\,\mathcal{E}\operatorname{grad}\varepsilon \quad . \tag{34}$$

Orte, an denen ε in Feldrichtung zunimmt, sind Quellen eines zusätzlichen $\mathcal{E}$-Feldes, der Sitz negativer freier Ladungen (vgl. [7] S. 58 ff.).

Im Falle konstanter Dielektrizitätskonstante ($\varepsilon = \text{const}$) und variabler Leitfähigkeit ergibt sich aus (33) eine wahre Ladungsdichte mit der für $\omega \neq 0$ komplexen Amplitude

$$\rho = \operatorname{div}(\varepsilon\mathcal{E}) = -\frac{1}{\frac{\sigma}{\varepsilon} + i\omega}\,\mathcal{E}\operatorname{grad}\sigma \quad . \tag{35}$$

Orte, an denen σ in Feldrichtung zunimmt, sind ebenfalls Quellen eines zusätzlichen elektrischen Feldes, der Sitz influenzierter negativer w a h r e r Ladungen. Dieser Fall liegt vor beim Modell des leitenden Zylinders.

Die an der Oberfläche des leitenden Zylinders bei transversalem elektrischen Feld influenzierten Ladungen lassen sich berechnen aus der Normalkomponente E_ρ beiderseits der Grenzfläche. Sie sind eine direkte Folge der Grundgleichungen der Elektrodynamik und stellen keinesfalls eine zusätzliche Annahme über das gegebene Modell dar, die bei der Berechnung der Felder innerhalb und außerhalb des Zylinders gesondert berücksichtigt werden müßte. Das Gesamtfeld wird, unabhängig von der Existenz freier oder wahrer Ladungen am Zylindermantel, mit dem Vektorpotential (17) nach den Gleichungen (18) und (20) berechnet.

Die Gleichungen (27) - (30) für C_1 und $\mathcal{J}_1$ haben einen ähnlichen Bau wie diejenigen für C_0 und $\mathcal{J}_0$, (13) - (16). Sie hängen ebenfalls nur ab von den konstanten Größen des gegebenen Modells. Daraus

---

$$C_1 = \frac{-2/\pi}{\sqrt{-i}\,\alpha_1 a\, N_1(\sqrt{-i}\,\alpha_0 a) J_1'(\sqrt{-i}\,\alpha_1 a) - \frac{\mu}{\mu_0}\sqrt{-i}\,\alpha_0 a\, N_1'(\sqrt{-i}\,\alpha_0 a) J_1(\sqrt{-i}\,\alpha_1 a)}\,\varepsilon_1 \quad , \tag{28}$$

$$\mathcal{J}_1 = -\frac{\sqrt{-i}\,\alpha_1 a\, J_1(\sqrt{-i}\,\alpha_0 a) J_1'(\sqrt{-i}\,\alpha_1 a) - \frac{\mu}{\mu_0}\sqrt{-i}\,\alpha_0 a\, J_1'(\sqrt{-i}\,\alpha_0 a) J_1(\sqrt{-i}\,\alpha_1 a)}{\sqrt{-i}\,\alpha_1 a\, N_1(\sqrt{-i}\,\alpha_0 a) J_1'(\sqrt{-i}\,\alpha_1 a) - \frac{\mu}{\mu_0}\sqrt{-i}\,\alpha_0 a\, N_1'(\sqrt{-i}\,\alpha_0 a) J_1(\sqrt{-i}\,\alpha_1 a)}\,\varepsilon_1 \quad . \tag{30}$$

folgt wie bei longitudinalen Feldern (Abschnitt a) eine Übereinstimmung der räumlichen Verteilung und der zeitlichen Änderung der nach den Gleichungen (18) - (21) einander entsprechenden Feldkomponenten auch bei transversalen induzierenden Feldern. Für $\rho > a$ bezieht sich diese Analogie jedoch wiederum nur auf den induzierten Anteil des Feldes. Das Gesamtfeld außerhalb des Zylinders ist bei elektrischen und magnetischen induzierenden Feldern im allgemeinen von unterschiedlicher Gestalt.

Die Analogie zwischen den entsprechenden Feldkomponenten bei transversalen elektrischen und magnetischen induzierenden Feldern ist von derselben Form, wie sie bei longitudinalen induzierenden Feldern besteht und aufgezeigt ist in Tab. 4 (S. 58). Das dort bezüglich der Konstanten Gesagte gilt im entsprechenden Sinne auch hier. Die für $\rho \leq a$ und $\rho > a$ verschiedenartigen Analogien zwischen σ, ε_o und μ, μ_o sind Spezialfälle der allgemeinen Beziehung

$$\sigma + i\omega\varepsilon \,\hat{=}\, i\omega\mu \quad , \qquad (36)$$

wenn unter σ, ε und μ jeweils die speziellen Werte für den betreffenden Ort verstanden werden.

Da die Permeabilität μ in keinem Falle ganz vernachlässigt wird, kann die Übertragung des mit dem Vektorpotential $\mathcal{a}$ auf das mit f behandelte analoge Modell als eine erste Berücksichtigung der Verschiebungsströme im "Nahfeld" des Zylinders[*)] angesehen werden (vgl. S. 52 f.). Für den leitenden Zylinder im transversalen elektrischen Wechselfeld ergibt sich dabei als induziertes Feld im Außenraum ein zweidimensionales elektrisches Dipolfeld bestimmter Phase, dessen Überlagerung mit dem induzierenden Feld nur grob durch Abb. 28 wiedergegeben wird. Genauer betrachtet ist das elektrische Gesamtfeld außerhalb des Zylinders im allgemeinen elliptisch polarisiert. Und auch dort, wo im Innern des Zylinders elektrische Ströme fließen, haben diese die Form elliptischer Wirbelströme.

§ 16. Ein allgemeines Analogieprinzip für elektromagnetische Felder

Die in Kap. V am Beispiel des leitenden Zylinders beschriebene Analogie zwischen den induzierten Feldern bei induzierendem magnetischen und elektrischen Feld sind in beiden Fällen eine Folge der Symmetrie in den Lösungen für die Vektorpotentiale $\mathcal{a}$ und f. Diese wiederum geht zurück auf eine gewisse Symmetrie der elektrischen und magnetischen Felder $\mathcal{E}$ und $\mathcal{H}$ in den Maxwellschen Gleichungen. Es ist deshalb zu erwarten, daß eine Analogie in den induzierten Feldern nicht auf das vorliegende Modell beschränkt ist sondern in irgendeiner Form auch bei anderen Leitfähigkeitsverteilungen auftritt.

An Orten mit räumlich und zeitlich konstanter Leitfähigkeit σ, die außerhalb der Quellen des induzierenden Feldes liegen, kann ein elektromagnetisches Feld nur in einer Form bestehen, bei der außer dem Feld selbst auch die beschreibenden Vektorpotentiale $\mathcal{a}$ und f die Wellengleichung erfüllen:

mit
$$\Delta \mathcal{X} = (i\sigma\mu\omega - \omega^2\mu\varepsilon) \mathcal{X} = i\alpha^2 \mathcal{X} \qquad (1)$$

$$\alpha^2 = \sigma\mu\omega + i\omega^2\mu\varepsilon \quad , \qquad (2)$$

wobei $\mathcal{X} = \mathcal{a}$ bzw. f zu setzen ist (vgl. [13] S. 12 ff.). Elektrisches und magnetisches Feld können nach § 2 b) durch jedes dieser Vektorpotentiale ausgedrückt werden, und zwar

---

[*)] d. h. für Entfernungen, die klein sind gegenüber der Wellenlänge der induzierenden elektromagnetischen Welle.

für $\mathcal{X} = f$:

$$\begin{aligned}\mathcal{E} &= -\operatorname{rot} f \\ \mathcal{H} &= -(\sigma + i\omega\varepsilon)f + \frac{1}{i\omega\mu}\operatorname{grad}\operatorname{div} f\end{aligned}\Bigg\} \quad (3)$$

für $\mathcal{X} = a$:

$$\begin{aligned}\mathcal{H} &= \operatorname{rot} a \\ \mathcal{E} &= -i\omega\mu\, a + \frac{1}{\sigma + i\omega\varepsilon}\operatorname{grad}\operatorname{div} a\end{aligned}\Bigg\} \quad (4)$$

Die Gleichungen (3) und (4) stellen andererseits bei gleicher Form der Potentiale a und f zwei verschiedene elektromagnetische Felder dar, die für das gegebene spezielle Modell mit der Wellengleichung verträglich sind. Da die Potentiale a und f als Lösungen ein und derselben Differentialgleichung in gleicher Weise von den räumlichen Koordinaten abhängen, folgt aus dem analogen Bau der Gleichungspaare (3) und (4) ein ebenfalls analoges Verhalten der einander entsprechenden Felder. Dieses sind, unter Berücksichtigung des Vorzeichens,

$$\left.\begin{aligned}\mathcal{E} &\triangleq -\mathcal{H} \\ \mathcal{H} &\triangleq \mathcal{E}\end{aligned}\right\} \quad (5)$$

Die räumliche Verteilung der einander entsprechenden induzierten Felder ist auf beiden Seiten der Beziehungen (5) in jedem Augenblick die gleiche und damit ebenfalls ihre zeitliche Änderung. Anders sind in beiden Fällen lediglich die Amplitude und die Phase, als Folge der verschiedenen Konstanten in den zweiten der Gleichungen (3) und (4). Sofern sie zusätzlich neben dem allgemeinen Konstantenparameter α (der Ausbreitungskonstanten) in den komplexen Lösungen für $\mathcal{E}$ und $\mathcal{H}$ auftreten, gelten auch für sie Analogiebeziehungen in der Form

$$\left.\begin{aligned}\sigma + i\omega\varepsilon &\triangleq i\omega\mu \\ i\omega\mu &\triangleq \sigma + i\omega\varepsilon\end{aligned}\right\} \quad (6)$$

wobei auf der linken Seite jeweils die zu der Lösung mit f gehörigen Größen stehen. Die Beziehungen (6) sind jedoch hier nur zwei Schreibweisen einer einzigen wechselseitigen Analogiebeziehung. Bei der Analogie in den Feldern ändert sich dagegen das Vorzeichen, wenn man die Beziehungen (5) in umgekehrter Richtung schreibt.

An Orten mit einem nicht verschwindenden Gradienten von σ, μ oder ε gilt die Wellengleichung (1) infolge der hier auftretenden zusätzlichen Quellen des Magnetfeldes oder elektrischen Ladungen nicht mehr allgemein für das Gesamtfeld und deren Potential. Infolgedessen gelten auch die Darstellungen (3) und (4) für $\mathcal{E}$ und $\mathcal{H}$ durch f und a nicht mehr für die Gesamtfelder. Wohl gelten weiterhin die Maxwellschen Gleichungen. Da jedoch die in ihnen auftretenden Größen σ, μ und ε in verschiedener Weise vom Ort abhängen können, erhält man für die nach (5) einander entsprechenden elektromagnetischen Felder bei Beachtung der Analogiebeziehung (6) jetzt nicht mehr die gleiche räumliche Verteilung. Der Grund ist letztlich auch hier wieder das Auftreten zusätzlicher Quellen des elektrischen und des magnetischen Feldes.

Eine echte Analogie zwischen elektromagnetischen Feldern gilt demnach nur, soweit sie sich auf homogene Raumteile beziehen, unabhängig von deren Begrenzung: Für jedes elektromagnetische Feld in gebietsweise homogenen Raumteilen gibt es ein nach (5) analoges elektromagnetisches Feld gleicher räumlicher Verteilung und zeitlicher Änderung, deren Amplituden verschieden sein können und bestimmt werden durch die Beziehung (6).

Mit Hilfe dieses Analogieprinzips lassen sich mit einer einzigen Rechnung Aussagen machen über die räumliche Verteilung der induzierten Felder bei zwei verschiedenen Modellen. Und diese Verteilung ist in beiden Fällen die gleiche. Als Beispiel sei erwähnt die Induktion eines vertikalen elektrischen Dipols

§ 16

über einem leitenden homogenen Halbraum. Sie führt im allgemeinen auf ein elliptisch polarisiertes elektrisches Drehfeld, wobei nach dem Analogieprinzip die elektrischen Feldellipsen in gleicher Weise von der numerischen Entfernung R = $\sqrt{\sigma\mu\omega}$ ρ (σ, μ bezüglich des Halbraumes, ρ = wahre Entfernung vom Dipol) abhängen wie die magnetischen Feldellipsen bei der Induktion eines vertikalen **magnetischen Dipols** über einem Halbraum mit den gleichen Konstanten ([13] Abb. 5). Ebenso ist die räumliche Verteilung des Magnetfeldes im Innern des Halbraumes beim elektrischen Dipol die gleiche wie die Stromverteilung beim magnetischen Dipol ([13] § 12).

Nach den Analogiebeziehungen (6) für die Konstanten entspricht der beim magnetischen Dipol behandelte Fall durchweg konstanter Permeabilität und verschiedener Leitfähigkeit in den beiden Halbräumen z > 0 und z < 0 beim elektrischen Dipol unter Vernachlässigung der Verschiebungsströme einer durchweg konstanten Leitfähigkeit und verschiedener Permeabilität. Nun hängt aber das Argument der die räumliche Verteilung beschreibenden Bessel-Funktion neben der Abhängigkeit von ρ nicht explizit von μ ab (vgl. [13], Gleichung (6.22)). Zudem muß die Phase in beiden Fällen aus physikalischen Gründen in großer Entfernung – dort, wo das Streufeld annähernd linear polarisiert ist – gegen -180° streben. Die räumliche Verteilung der Felder bei einem elektrischen Dipol über einem leitenden homogenen Halbraum ist infolgedessen bei beliebigen Konstanten σ und μ beiderseits der Grenzfläche die gleiche wie diejenige der bekannten analogen Felder bei einem magnetischen Dipol. Die auf diese Art erzielten Ergebnisse können, speziell bei aperiodischer Zeitfunktion des Dipols, möglicherweise herangezogen werden zur Behandlung von Problemen der Gesteinsmagnetisierung durch Blitzschlag.

Zusammenfassung

Für einen unendlich langen homogenen Zylinder in einem äußeren elektrischen oder magnetischen Wechselfeld werden elektrisches und magnetisches Gesamtfeld sowie die Stromverteilung im Innern des Zylinders berechnet, graphisch dargestellt und diskutiert. Es ist dies ein einfaches Beispiel einer Modellrechnung zur Erdmagnetischen Tiefensondierung. Anhand des Zylindermodells werden sowohl die Eigenschaften der gesamten Felder und der induzierten Ströme als auch die Bedeutung der verschiedenen Vektorpotentiale und der Zusammenhang in den mit ihnen berechneten Lösungen mathematisch und physikalisch ausführlich untersucht.

Die allgemeinen Berechnungen erfolgen zunächst für beliebige zweidimensionale Felder. Die graphische Darstellung und Diskussion der Lösungen erfolgt sodann für homogene Felder, unter Vernachlässigung der Verschiebungsströme (quasistationärer Fall) und der magnetischen Induktion (konstante Permeabilität). Dabei werden sämtliche Felder durch dimensionslose "Induktionsfunktionen" beschrieben, die bei festem "numerischen Radius" $R_a = \sqrt{\sigma \mu \omega} \, a$ jeweils nur von der "numerischen Entfernung" $R_\rho = \sqrt{\sigma \mu \omega} \, \rho$ abhängen.

Bei einem transversalen induzierenden Magnetfeld (Beschreibung mit dem magnetischen Vektorpotential $a_z(\rho, \varphi)$) ist auch das magnetische Gesamtfeld transversal zum Zylinder und im allgemeinen elliptisch polarisiert. Außerhalb des Zylinders (Vakuum) läßt es sich darstellen durch Überlagerung des induzierenden Feldes mit dem Feld eines in der Zylinderachse induzierten zweidimensionalen magnetischen Dipols, parallel zum induzierenden Feld. Die Induktionsströme fließen in diesem Fall sämtlich parallel zur Zylinderachse mit beiderseits der horizontalen Symmetrieebene entgegengesetzten Richtungen und mit vom Azimut abhängigen Amplituden.

Beim longitudinalen induzierenden Magnetfeld (Beschreibung mit dem elektrischen Vektorpotential $f_z(\rho)$) besteht das homogene äußere Feld bis an den Zylindermantel und dringt von dort diffusionsartig in Form von kreissymmetrischen "Magnetfeld-Wellen" in das Innere ein. Die Induktionsströme fließen auf ringförmigen Bahnen um die Zylinderachse.

Die Lösungen für das magnetische Vektorpotential $a_z(\rho)$ beschreiben den Modellfall eines longitudinalen induzierenden elektrischen Feldes. Sie sind von gleicher Form wie jene bei longitudinalem induzierenden Magnetfeld und können infolgedessen auch durch die gleichen Induktionsfunktionen beschrieben werden. Dabei entspricht das magnetische Feld in dem einen Fall dem elektrischen Feld in dem anderen.

Die Lösungen für das elektrische Vektorpotential $f_z(\rho, \varphi)$, entsprechend einem transversalen induzierenden elektrischen Feld, führen im streng quasistationären Fall auf das quasistatische Feld eines leitenden Zylinders in einem homogenen elektrischen Feld. Eine Analogie zu den Lösungen bei transversalem induzierenden Magnetfeld läßt sich herstellen bei Berücksichtigung der Verschiebungsströme im Außenraum.

Aus der Symmetrie in den Lösungen für die Vektorpotentiale a und f folgt bei voller Berücksichtigung der Verschiebungsströme ein allgemeines Analogieprinzip für elektromagnetische Felder: Für jedes elektromagnetische Feld in gebietsweise homogenen Raumteilen, unabhängig von deren Begrenzung, gibt es ein analoges elektromagnetisches Feld gleicher räumlicher Verteilung und zeitlicher Änderung, bei dem magnetisches und elektrisches Feld einander entsprechen.

Literaturverzeichnis

[1] BARTELS, J.: Veranschaulichung beobachteter Perioden und ihre Genauigkeit. Z. Geophys. $\underline{3}$, 389 - 397 (1927)

[2] BARTELS, J.: Erdmagnetisch erschließbare lokale Inhomogenitäten der elektrischen Leitfähigkeit im Untergrund. Nachr. d. Akad. d. Wiss. in Göttingen, Math.-Phys. Kl., $\underline{5}$, 95 - 100 (1954)

[3] BUCHHEIM, W.: Beiträge zur Theorie der geoelektrischen Aufschlußmethoden. Freiberger Forschungshefte $\underline{C}$6 (1952)

[4] CHAPMAN, S. and BARTELS, J.: Geomagnetism, Vol. II. Oxford 1940, 711 - 749

[5] FLEISCHER, U.: Ein Erdstrom im tieferen Untergrund Norddeutschlands und sein Anteil in den erdmagnetischen Bay-Störungen. Diss. Math.-Nat. Fak. Göttingen 1954

[6] FLEISCHER, U.: Charakteristische erdmagnetische Bay-Störungen in Mitteleuropa und ihr innerer Anteil. Z. Geophys. $\underline{20}$, 120 - 136 (1954)

[7] HUND, F.: Theoretische Physik, Bd. II. Stuttgart 1957

[8] JAHNKE, E., EMDE, F. und LÖSCH, F.: Tafeln höherer Funktionen. Stuttgart 1960

[9] KERTZ, W.: Leitungsfähiger Zylinder im transversalen magnetischen Wechselfeld. Gerl. Beitr. Geophys. $\underline{69}$, 4 - 28 (1960)

[10] LAUE, M. v.: Theorie der Supraleitung. Berlin-Göttingen-Heidelberg 1949

[11] LIPPMANN, H. J.: Erdmagnetische Induktion in Leitfähigkeitsanomalien im Untergrund. Diss. Math.-Nat. Fak. Göttingen 1955; gekürzt in: Z. Geophys. $\underline{24}$, 113 - 124 (1958)

[12] MAC LACHLAN, N. W.: Bessel Functions for Engineers. Oxford 1955

[13] MEYER, J.: Elektromagnetische Induktion eines vertikalen magnetischen Dipols über einem leitenden homogenen Halbraum. Mitt. Max-Planck-Inst. f. Aeronomie (S) Nr. 7 (1962)

[14] NEGI, J. G.: Inhomogeneous cylindrical ore body in presence of a time varying magnetic field. Geophysics $\underline{27}$, 386 - 392 (1962)

[15] SCHMUCKER, U.: Erdmagnetische Tiefensondierung in Deutschland 1957/59: Magnetogramme und erste Auswertung. Abh. Akad. Wiss. in Göttingen, Math.-Phys. Kl., Beitr. zum IGJ $\underline{5}$ (1959)

[16] SPITTA, P.: Modellversuche zur erdmagnetischen Induktion in Leitfähigkeitsanomalien. Diplomarbeit Göttingen 1963

[17] TOELKE, F.: Besselsche und Hankelsche Zylinderfunktionen nullter bis dritter Ordnung vom Argument $r\sqrt{i}$. Stuttgart 1936

[18] WAIT, J. R.: The cylindrical ore body in the presence of a cable carrying an oscillating current. Geophysics $\underline{17}$, 378 - 386 (1952)

[19] WARD, S. H.: Unique determination of conductivity, susceptibility, size, and depth in multifrequency electromagnetic exploration. Geophysics $\underline{24}$, 531 - 546 (1959)

[20] WATSON, G. N.: A Treatise on the Theory of Bessel Functions. Cambridge 1922

**Verzeichnis der Mitteilungen aus dem Max-Planck-Institut
für Physik der Stratosphäre**

Nr. 1/1953   Über den Beitrag der von μ-Mesonen angestoßenen Elektronen zu den Ultrastrahlungsschauern unter Blei. G. Pfotzer

Nr. 2/1954   Ein Zählrohrkoinzidenzgerät zur Registrierung der kosmischen Ultrastrahlung. A. Ehmert

Eine einfache Methode zur Einstellung und Fixierung des Expansionsverhältnisses von Nebelkammern. G. Pfotzer

Nr. 3/1954   Optische Interferenzen an dünnen, bei -190^0C kondensierten Eisschichten. Erich Regener (vergriffen)

Nr. 4/1955   Über die Messung der Temperatur des atmosphärischen Ozons mit Hilfe der Hugins-Banden. H. Zschörner und H. K. Paetzold

Nr. 5/1956   Ein neuer Ausbruch solarer Ultrastrahlung am 23. Februar 1956. A. Ehmert und G. Pfotzer, vergriffen (erschienen Z. Naturforschung 11a, 322, 1956)

Nr. 6/1956   Das Abklingen der solaren Ultrastrahlung beim Ausbruch am 23. Februar 1956 und die geomagnetischen Einfallsbedingungen. A. Ehmert und G. Pfotzer

Nr. 7/1956   Die Impulsverteilung der solaren Ultrastrahlung in der Abklingphase des Strahlungseinbruches am 23. Februar 1956. G. Pfotzer

Nr. 8/1956   Die atmosphärischen Störungen und ihre Anwendung zur Untersuchung der unteren Ionosphäre. K. Revellio

Nr. 9/1956   Solare Ultrastrahlung als Sonde für das Magnetfeld der Erde in großer Entfernung. G. Pfotzer

*

Die vorstehenden Hefte können beim Max-Planck-Institut für Aeronomie, (20b) Lindau über Northeim (Hann.), angefordert werden.

Mitteilungen aus dem Max-Planck-Institut für Aeronomie

Nr. 1 (S) Waibel: Messungen von Primärteilchen der kosmischen Strahlung.

Nr. 2 (S) Erbe: Auswirkung der Variationen der primären kosmischen Strahlung auf die Mesonen- und Nukleonenkomponente am Erdboden.

Nr. 3 (I) Kohl: Bewegung der F-Schicht der Ionosphäre bei erdmagnetischen Bai-Störungen.

Nr. 4 (I) Becker: Tables of ordinary and extraordinary refractive indices, group refractive indices and $h'_{o,x}(f)$-curves or standard ionospheric layer models.

Nr. 5 (S) Schröpl: Über eine Neubestimmung des Absorptionskoeffizienten von Ozon im Ultraviolett bei kleinen Konzentrationen.

Nr. 6 (S) Erbe: Ergebnisse der Ballonaufstiege zu Messung der kosmischen Strahlung in Weissenau und Lindau.

Nr. 7 (S) Meyer: Elektromagnetische Induktion eines vertikalen magnetischen Dipols über einem leitenden homogenen Halbraum.

Nr. 8 (I u. S) Dieminger und Mitarb.: Die geophysikalischen Ereignisse des 12. - 14. November 1960.

Nr. 9 (S) Pfotzer, Ehmert, and Keppler: Time Pattern of Ionizing Radiation in Balloon Altitudes in High Latitudes. Part A, Text; Part B, Figures and Diagrams.

Nr. 10 (S) Waibel: Eine Ballonsonde zur Messung von Röntgenstrahlung und solarer Ultrastrahlung.

Nr. 11 (S) Voelker: Zur Breitenabhängigkeit erdmagnetischer Pulsationen.

Nr. 12 (S) Jaeschke: Registrierung von Pulsationen im südlichen Niedersachsen als Beitrag zur erdmagnetischen Tiefensondierung.

Nr. 13 (S) Meyer: Elektromagnetische Induktion in einem leitenden homogenen Zylinder durch äußere magnetische und elektrische Wechselfelder.

Veröffentlichungen in Vorbereitung

(I) Dieminger und Mitarb.: Die Ionosonde des Max-Planck-Instituts für Aeronomie.

(I) Umlauft: Die Absorptionsmeß-Sonde des M. P. I. für Aeronomie.

(I) Schwentek: Druckzählgerät zur laufenden Registrierung halbstündiger Häufigkeitsverteilungen von Feldstärken.

(S) Ehmert u. Revellio: Tafeln zur graphischen Auswertung von Wellenformen mit mehrfach reflektierten Strahlungsimpulsen von Blitzen auf Reflexionshöhe und Blitzentfernung.

(S) Ehmert, Erbe, Pfotzer: Beschreibung der Anlagen des Instituts zur Registrierung der Neutronen und der Mesonen im Geophysikalischen Jahr 1957/58.

MIX
Papier aus verantwortungsvollen Quellen
Paper from responsible sources
FSC® C105338

If you have any concerns about our products,
you can contact us on
ProductSafety@springernature.com
In case Publisher is established outside the EU,
the EU authorized representative is:
Springer Nature Customer Service Center GmbH
Europaplatz 3, 69115 Heidelberg, Germany

Printed by Libri Plureos GmbH
in Hamburg, Germany